왓슨이 들려주는 DNA 이야기

왓슨이 들려주는 DNA 이야기

초 판 1쇄 발행일 | 2005년 3월 26일
개정판 1쇄 발행일 | 2010년 9월 1일
개정판 18쇄 발행일 | 2021년 5월 28일

지은이 | 이홍우
펴낸이 | 정은영
펴낸곳 | (주)자음과모음

출판등록 | 2001년 11월 28일 제2001-000259호
주 소 | 04047 서울시 마포구 양화로6길 49
전 화 | 편집부 (02)324-2347, 경영지원부 (02)325-6047
팩 스 | 편집부 (02)324-2348, 경영지원부 (02)2648-1311
e-mail | jamoteen@jamobook.com

ISBN 978-89-544-2009-9 (44400)

왓슨이 들려주는

DNA 이야기

| 이흥우 지음 |

(주)자음과모음

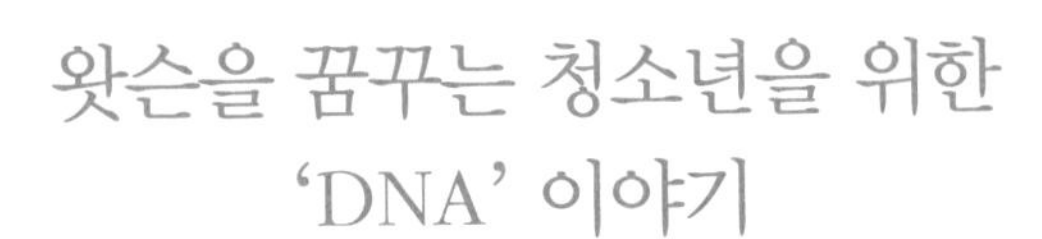

왓슨을 꿈꾸는 청소년을 위한
'DNA' 이야기

생물은 신비로운 존재입니다. 우주 안에서 생물만큼 놀라운 것은 없을 것입니다. 생물의 놀라움은 세포의 활동에서 비롯됩니다. 그 세포의 중심에 DNA가 있습니다. 세포는 DNA의 조절에 따라 활동합니다. DNA에 생명의 정보가 있기 때문입니다. 결국 생명의 신비로움은 DNA로부터 출발됩니다.

왓슨 박사가 그의 동료 크릭과 함께 DNA 구조를 발견한 지도 어언 50여 년이 흘렀습니다.

이 책은 왓슨 박사가 우리나라에 와서 청소년들에게 DNA에 대해 이야기하는 형식을 빌려 집필되었습니다. 왓슨 박사와 이야기를 나누고 질문에 답하는 동안 청소년들은 DNA에 대해서 저절로 알아 가게 됩니다.

물론 DNA에 대한 이야기는 청소년 여러분들에게는 어려운 내용일 것입니다. 하지만 주의 깊게 읽는다면 충분히 이해할 수 있을 것입니다.

저는 이 책을 쓰기 직전 해외 연수를 다녀왔습니다. 이번 연수는 비행기를 아홉 번이나 타고 내릴 정도로 긴 여정이었습니다. 비행기를 기다리거나 탈 때마다 저는 왓슨 박사가 쓴 《DNA》(2003)라는 책을 읽었습니다. 그러면서 우리 청소년들에게 어떻게 하면 왓슨과 같은 위대한 과학자의 생각을 전할 수 있을까, 그의 숨결을 느끼게 할 수 있을까 고민하였습니다.

이 책은 이러한 저의 고민의 결과이기도 합니다. 이 책을 읽은 청소년 여러분들의 가슴속에 왓슨과 같은 위대한 과학자가 되겠다는 꿈이 조금이라도 생겨난다면 얼마나 좋을까 하는 욕심을 가져 봅니다.

끝으로 이 책을 출간할 수 있도록 배려해 주신 강병철 사장님과 편집부의 모든 이에게 감사를 드립니다.

이 흥 우

차례

첫 번째 수업 1

DNA는 무슨 일을 할까요?

DNA는 세포가 하는 일을 조절합니다.
어떻게 조절하는지 알아봅시다.

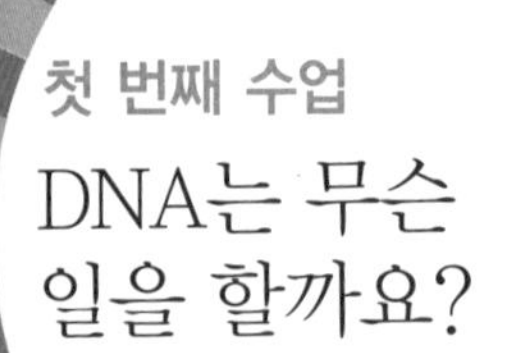

첫 번째 수업

DNA는 무슨 일을 할까요?

교.
과.
연.
계.

중등 과학 1	4. 생물의 구성과 다양성
중등 과학 3	1. 생식과 발생
고등 생물 Ⅰ	8. 유전과 진화
고등 생물 Ⅱ	3. 생명의 연속성

왓슨은 칠판에
DNA라고 크게 쓰고 나서
첫 번째 수업을 시작했다.

DNA!

여러분과 DNA에 대해 이야기하게 돼서 정말 기쁩니다. 나는 젊은 시절부터 DNA를 연구했습니다. 그래서 DNA를 너무나 사랑한답니다. DNA라는 말만 들어도 가슴이 뛰지요. 나는 여러분에게 DNA에 대해 늘 이야기하고 싶었답니다.

DNA라는 말을 들어 보았나요?

왓슨의 질문에 모든 학생들이 일제히 '예!'라고 답했다.

누구나 한 번쯤은 DNA에 대해 들어본 적이 있을 겁니다. 그리고 그것이 유전에 관계한다는 것을 어렴풋이나마 알고 있을 테고요.

왓슨은 다시 돌아서서 칠판에 버스를 그렸다. 그리고 버스의 앞에 DNA라고 썼다.

여러분은 나와 함께 DNA로 가는 버스를 탔습니다. 이제 나는 가이드가 되어서 여러분과 함께 여행을 떠나고 싶습니다. 함께 이야기 여행을 하는 동안 DNA에 대해 더 분명하게 알 수 있었으면 참 좋겠습니다.

DNA에 대해 알아보기란 좀 어렵긴 해요. DNA로 가는 길엔 고개도 있고 복잡한 곳도 있거든요. 하지만 여러분이 잘 이해할 수 있도록 쉽게, 그리고 재미있게 이야기할까 합니다. 그래서 이야기 여행을 마칠 때는 DNA뿐만 아니라 '살아 있는 것'에 대해 좀 더 깊이 이해할 수 있을 것입니다.

자, 그럼 함께 DNA를 향해 이야기 여행을 떠나 볼까요?

세포는 일을 한다

우리가 살아 있기 위해서 반드시 해야 되는 일이 있지요? 우리가 하루에 세 번씩 꼭 하는 일입니다. 바로 먹는 일이지요. '살기 위해 먹는가? 먹기 위해 사는가?' 하는 말이 있잖아요? 그만큼 살아가는 데 먹는 일은 참으로 중요하답니다.

그러면 우리는 왜 먹을까요?

__ 안 죽으려고요.

그건 좀 평범한 대답이네요. 누가 좀 더 과학적인 대답을 해 볼까요?

__ 힘을 얻으려고요.

그렇죠, 좋은 생각이네요. 또 다른 생각을 한 사람은 없나요?

__ 몸을 자라게 하려고요.

자, 우리가 먹는 이유는 크게 2가지로 나눌 수 있답니다.

우리는 몸에서 필요한 물질을 얻기 위해서, 그리고 에너지를 얻기 위해서 먹는다.

DNA 이야기는 안 하고 왜 먹는 이야기만 하냐고요? 좀 더 들어봐요. 우리가 음식물을 먹었을 때 그것이 살이 되거나 힘이 되기 위해서는 아주 복잡한 과정을 거쳐야 된답니다. 공장에서 물건을 만들 때 여러 과정을 거치듯이 말입니다.

그리고 그 과정은 각각 잘 조절되어야 하지요. 잘 팔리지도 않는 물건을 많이 만들면 어떻게 될까요? 그 공장은 곧 문을 닫게 되겠지요. 우리 몸도 이와 마찬가지로 우리 몸에 필요한 것들을 알맞게 만들어야 건강하게 살 수 있답니다. 이것은 참 중요한 이야기랍니다.

우리 몸에 필요한 물질은 알맞게 만들어진다.

그런데 영양소가 이용되는 과정은 우리 몸을 이루는 하나하나의 세포들에서 일어난답니다. 세포는 영양소를 이용하여 필요한 물질을 만들고, 또 분해하여 에너지를 얻는 일을

하는 것이지요. 이렇게 하나하나의 세포들이 일을 함으로써 우리 몸이 자라고, 또 힘을 얻어 살아갈 수 있답니다.

우리 몸은 어른을 기준으로 약 60조 개의 세포로 구성되어 있습니다. 즉, 약 60조 개의 세포라는 벽돌이 쌓여 우리의 몸이 이루어진 셈이지요. 하지만 세포는 그냥 벽돌이 아닙니다. 그 벽돌 하나하나가 공장이라고 할 수 있어요. 그 공장들은 각자 맡은 일을 쉬지 않고 하고 있지요. 마치 관현악단에서 각각의 악기 연주가 모여 아름다운 음악이 연주되듯이 말입니다. 각 세포가 열심히 일하는 덕택에 우리가 살아갈 수 있는 것입니다.

DNA는 세포가 하는 일을 조절한다

그러면 무엇이 세포에게 일을 하게 하고, 세포가 하는 일을

조절할까요? 바로 DNA입니다. 세포는 세포질과 핵으로 이루어져 있다는 것은 알고 있지요? 각 세포의 중심에는 핵이 있는데 핵 안에 DNA가 자리 잡고 있습니다. 그리고 각 세포 안에서 일어나는 일은 DNA의 지시에 따라 진행하게 되지요.

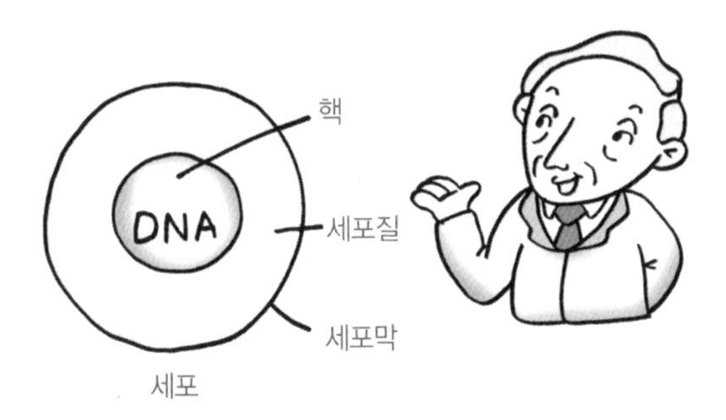

DNA가 하는 일은 뇌의 지시를 받기도 합니다. 그런데 뇌도 세포로 되어 있으며 뇌세포도 그 안에 있는 DNA의 조절에 따라 일을 하니, 결국 우리 몸에서 일어나는 일을 지휘하는 것은 DNA라고 할 수 있습니다.

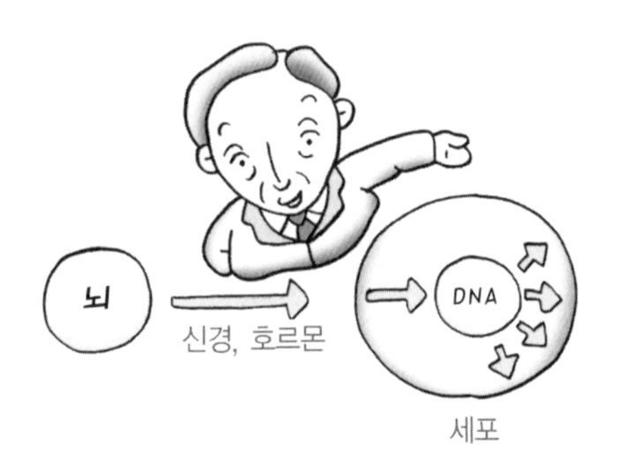

만일 우리 몸의 모든 세포들에서 DNA를 꺼낸다면 어떻게 될까요? 세포는 더 이상 일을 할 수 없게 됩니다. 물론 우리 몸도 더 이상 살아 있을 수 없게 되고요.

그렇다면 세포 없이 DNA만 스스로 일을 할 수 있을까요? 물론 그렇진 않아요. DNA가 살아 있는 것은 아니거든요. 세포 안에 DNA가 있을 때 DNA가 일을 할 수 있고, 또한 세포도 DNA에 의해 일을 할 수 있는 것이랍니다.

세포를 하나의 회사라고 생각해 볼까요?

회사에는 사장님이 있지요. 사장님의 지시에 따라 공장에서 제품을 만들어 내고, 또 그 제품을 판매도 하게 되지요?

회사에 사장이 있다면 세포에는 DNA가 있는 것이랍니다. 무슨 물질을 만들지, 또 얼마나 만들지, 에너지는 얼마나 낼지 등이 모두 DNA의 지시에 따라 조절되는 것이지요.

그런데 회사에서 일을 처리할 때 사장님이 사원의 의견을 전혀 듣지 않고 결정할까요? 아니지요. 마찬가지로 DNA도 세포 안의 조건에 따라 영향을 받는답니다. 결국 DNA와 나머지 세포의 구성원들이 협력하여 세포 활동을 해 나가는 것입니다.

이렇게 보면 우리가 사는 방법과 세포가 사는 방법이 비슷한 점이 있어요. 누군가는 결정을 하고 그 결정에 따라 일을

하고 말이지요.

세포가 일을 하게 하고 또한 그 일을 지휘하는 것, 이것이 바로 DNA가 가진 중요한 기능 중의 하나랍니다.

DNA는 유전에 관여한다

좀 어리둥절할지도 모르겠네요. 그동안 DNA라면 유전자니 유전 정보니 하는 말만 들어왔는데, DNA가 세포 안에서 일어나는 일을 지휘한다고 하니 말입니다.

자, 그러면 지금부터 그동안 들어 왔던 DNA는 무엇인지 생각해 볼까요?

아까 우리가 살기 위해서는 먹어야 된다고 했었지요? 그런데 먹는다고 영원히 살 수 있을까요? 아니지요. 살아 있는 것들은 언젠가는 모두 죽는다는 것을 여러분은 알고 있을 겁니다. 그래서 생물은 어떻게 하지요? 자기 자손을 낳는답니다. 어떻게 생긴 자손이지요? 바로 자기와 닮은 자손입니다!

그렇습니다. 생물은 모두 자기가 죽을 것을 알고 자기와 닮은 자손을 땅 위에 남기려 한답니다. 그러니 자손이 귀엽고 예쁠 수밖에 없지요. 엄마, 아빠가 여러분을 많이 사랑하지요? 그건 여러분이 엄마, 아빠 대신 앞으로 생명을 이어 가기 때문이지요. 여러분이 세상에 나온 이유를 알겠지요?

왓슨은 영화 〈쥐라기 공원〉의 포스터를 보여 주며 이야기를 계속했다.

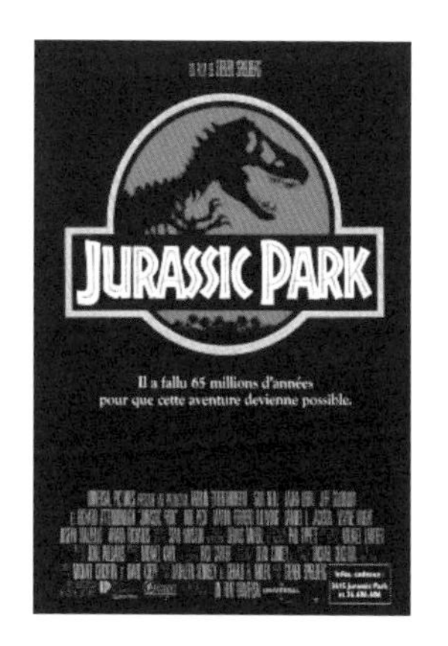

혹시 〈쥐라기 공원〉이라는 영화를 봤는지 모르겠네요. 호

박 속에 들어 있는 공룡의 DNA로 공룡을 만들어 낸다는 이야기. 지금으로서는 공상 과학 이야기라고 볼 수 있지만, 이 영화는 DNA가 무엇인지를 잘 알려 준답니다. 즉, DNA는 몸을 만드는 설계도라고 할 수 있지요.

DNA 안에는 몸을 만드는 정보가 다 들어 있습니다. 그러니 DNA로 중생대의 공룡을 다시 만들어 낸다는 생각을 하게 된 것이지요. 혹 언젠가는 DNA로 공룡을 만들어 내는 날이 올지도 모르겠네요. 공상 과학 소설이 오늘날엔 현실이 되고 있으니까요.

그러면 여러분이 엄마, 아빠를 닮게 되는 이유는 무엇일까요? 엄마, 아빠가 물려준 DNA에 따라 우리 몸이 만들어졌기 때문이지요. 물론 엄마는 외할아버지와 외할머니로부터 DNA를 물려받았고, 아빠는 할아버지와 할머니로부터 DNA를 물려받았을 것입니다.

DNA를 어떻게 물려받느냐고요? 엄마의 난자와 아빠의 정

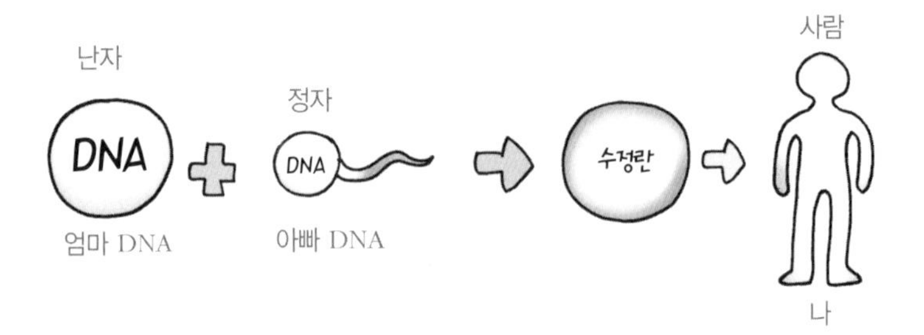

자가 만나 수정란이 되고, 수정란이 자라서 우리 몸이 되는 것은 알고 있지요? 엄마의 난자에는 엄마의 DNA가, 아빠의 정자에는 아빠의 DNA가 들어 있지요. 이렇게 난자와 정자를 통해 DNA가 전달되는 것이지요.

그렇다면 한 가지 의문이 생기지요? 엄마와 아빠 중 누구의 DNA를 물려받아 몸을 만들까요? 그건 이렇게 생각하면 된답니다. 몸이라는 집을 지을 때 창문은 엄마의 DNA를 따라, 천장의 모양은 아빠의 DNA를 따라 만든다고 생각하면 됩니다. 그러니 자식은 부모의 어느 한쪽만을 닮지 않고 양쪽을 고루 닮는 거랍니다. 잘 알아 두세요.

우리 몸 중 어떤 부분은 엄마를, 어떤 부분은 아빠를 닮는다.

나 = 엄마 · 아빠의 DNA를 모두 보관

다른 이야기를 좀 해 보지요. 만일 여러분이 신부님이나 수녀님처럼 결혼하지 않고 평생을 산다면 여러분의 DNA는 어떻게 될까요? 100년 뒤에는 더 이상 세상에 남아 있지 않을 겁니다. 이렇게 보면 여러분은 부모님의 DNA를 세상에 보관하는 아주 막중한(?) 임무를 가졌다는 것을 알 수 있습니다. 그러니 부모님이 여러분을 사랑하지 않을 수 있겠습니까?

마찬가지로 여러분도 자식을 낳아 DNA를 보관시키고, 그 자식을 사랑하게 되고……. 그래서 "인생은 짧고 DNA는 영원하다."라는 말이 있지요. 아무튼 신부님이 되려면 자기 DNA를 세상에 남기려는 생각을 가져서는 안 되겠지요?

자, 그럼 지금까지 한 이야기를 정리해 볼까요? DNA는 다음과 같은 일을 합니다.

첫째 세포가 하는 일을 조절하고, 둘째 유전 정보의 역할을 한다.

결국 살아가기 위해 DNA가 꼭 필요하고, 우리와 닮은 자손을 낳는 데 DNA가 꼭 필요한 것입니다.

만화로 본문 읽기

선생님, 영화 〈쥐라기 공
을 보면 DNA를 이용해
공룡을 만들잖아요. 그게
능한가요?
JURASSIC P

그 질문에 답을 하려면 먼저 DNA가 어떤 일을 하는지 알아야겠지요?
DNA가 하는 일이요?

첫째 세포가 하는 일을 조
고, 둘째 유전 정보의 역할을 해
결국 생물이 살아가기 위해서, 또
리와 닮은 자손을 낳기 위해서 D
가 꼭 필요한 것입니다.

즉, DNA는 몸을 만드는 설계도라고 할 수 있기 때문에 DNA로 중생대 공룡을 다시 만들어 낸다는 생각을 할 수 있는 거예요.
그럼 세포가 몸에서 하는 일은 뭔가요?

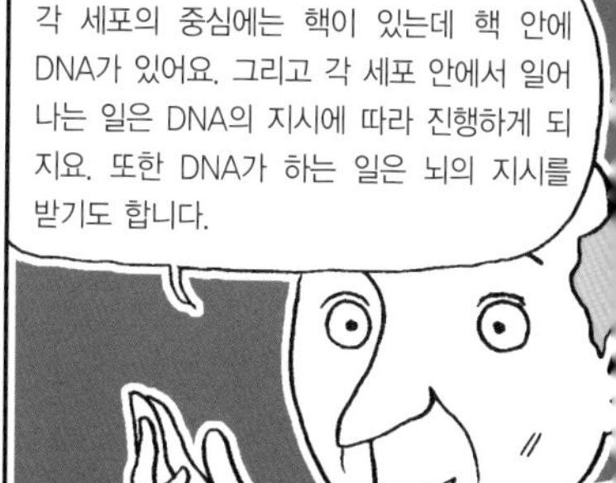

각 세포의 중심에는 핵이 있는데 핵 안에 DNA가 있어요. 그리고 각 세포 안에서 일어나는 일은 DNA의 지시에 따라 진행하게 되지요. 또한 DNA가 하는 일은 뇌의 지시를 받기도 합니다.

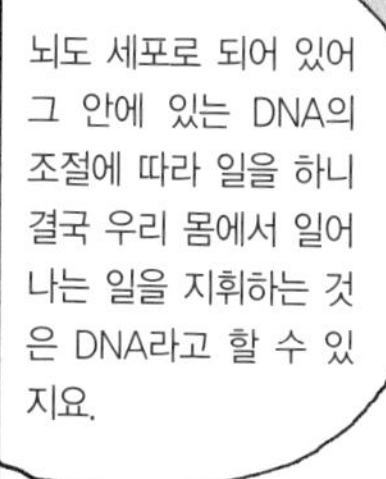

뇌도 세포로 되어 있어 그 안에 있는 DNA의 조절에 따라 일을 하니 결국 우리 몸에서 일어나는 일을 지휘하는 것은 DNA라고 할 수 있지요.

아하~,
DNA는 우리 몸
서 지휘자와 같
역할을 하는군요.

두 번째 수업 2

DNA는 실같이 생겼어요

DNA는 실 같은 모양을 하고 있지만 자세히 보면 꼬인 사다리 모양을 하고 있답니다. DNA가 어떻게 생겼는지 알아봅시다.

2

두 번째 수업

DNA는 실같이 생겼어요

교과연계.

중등 과학 1	4. 생물의 구성과 다양성
중등 과학 3	1. 생식과 발생
고등 생물 I	8. 유전과 진화
고등 생물 II	3. 생명의 연속성

왓슨이 세계 지도를 가져와서 두 번째 수업을 시작했다.

여러분은 지금 아주 높은 상공에 떠 있다고 상상하기 바랍니다. 지도에 세계의 대륙이 모두 보이지요? 자, 그러면 한국을 찾아보세요. 한국에서 서울을 찾을 수 있나요? 서울을 찾았으면 여러분과 내가 함께 있는 이곳을 찾을 수 있나요?

이제 여러분의 상상력을 발휘해 보세요. 마음속으로 서울을 확대해 보세요. 우리 학교가 있는 동네가 보이나요? 우리가 있는 학교는요? 그리고 우리가 있는 교실이 보이나요?

자, 세계를 우리 몸이라고 생각해 봐요. 한국은 우리 몸의 기관 중의 하나이고요. 그리고 서울은 기관 속의 세포, 우리 학교

를 핵이라고 생각하고, 우리를 핵 안에 있는 DNA, 이런 식으로 상상해 보세요. 그러면 우리는 상상을 통해 우주로 날아오를 수도 있지만 아주 미지의 세계로 갈 수도 있지요.

바로 이것이 인간의 위대한 점이 아닌가 해요. 상상도 할 수 있고, 꿈도 가질 수 있고……. 이제 여러분의 상상력을 발휘해 주었으면 해요. 지금부터 우리가 가려고 하는 세계는 아주 미세한 세계이거든요. 눈으로 볼 수 없는 세계, 아직 인간이 어떤 수단을 통해서도 볼 수 없는 세계. 바로 분자의 세계, DNA의 세계랍니다.

좀 낯선 풍경일지도 모르겠네요. 그러나 두려워하지 마세요. 우리가 세계 지도에서 한국을 찾고, 서울을 찾고, 상상을 통해 우리 학교를 찾아가듯이, 복도를 지나 교실 안에 들어가 책상을 찾아 앉듯이, 우리 몸 안으로 들어가 세포와 핵, 그리고 핵 속에 있는 DNA의 모습을 알아볼 테니까요. 여러분은 그저 상상의 나래를 펴서 세포 안으로 들어가기만 하면 됩니다. 내가 여러분의 손을 잡고 DNA 분자의 세계로 안내할 테니까요.

DNA는 핵 안에 있다

우리는 지금 세포 밖에 서 있습니다. 세포의 모양이 공 모양으로 둥그렇지요? 모든 세포가 다 이렇게 둥그런 것은 아닙니다. 세포의 모양은 여러 가지가 있지요. 피부 세포처럼

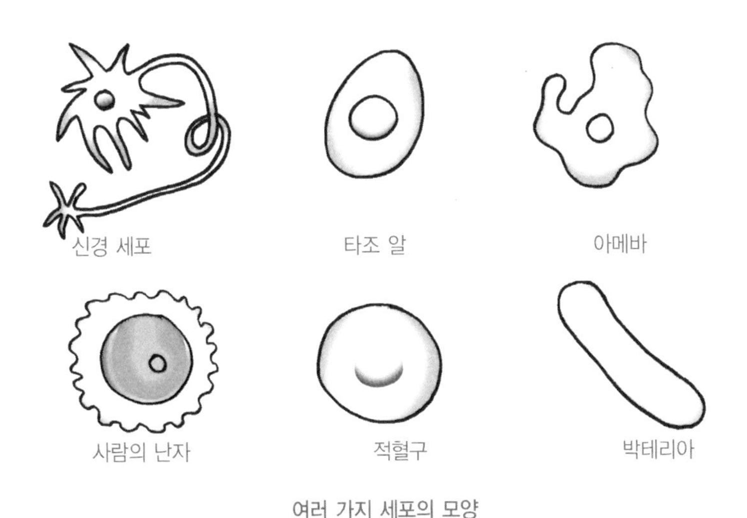

여러 가지 세포의 모양

납작한 것, 근육 세포처럼 기다란 것, 신경 세포처럼 전선 모양인 것 등.

하지만 막으로 둘러싸여 있는 점은 모두 같답니다. 마치 학교에 울타리가 있듯이 세포도 울타리가 있는 것이지요. 하지만 세포막은 그저 울타리 역할만 하는 것은 아닙니다. 자기가 필요한 물질을 받아들이고, 필요 없는 물질을 내보내는 기능을 가지고 있지요. 이 때문에 세포막 안팎의 성분이 차이가 나는 거랍니다.

어떤 학자는 이런 말을 합니다. "살아 있다는 건 세포막 안팎을 다르게 유지하는 능력이다." 참 그럴듯한 말이지요. 다시 한 번 말해 볼까요?

생명이란 세포막 안팎을 다르게 유지하는 능력이다.

만일 생물이 죽는다면 세포막의 안팎이 같아지지요. 이것이 우리가 몸을 움직이지 않아도 많은 에너지가 필요한 이유 중 하나이지요. 에너지가 있어야 세포막 안팎을 차이 나게 유지할 수 있거든요.

이제 세포 안으로 들어왔습니다. 조그만 기관들이 떠 있는 것이 보이네요. 둥그런 주머니 같은 것, 작은 알갱이 같은

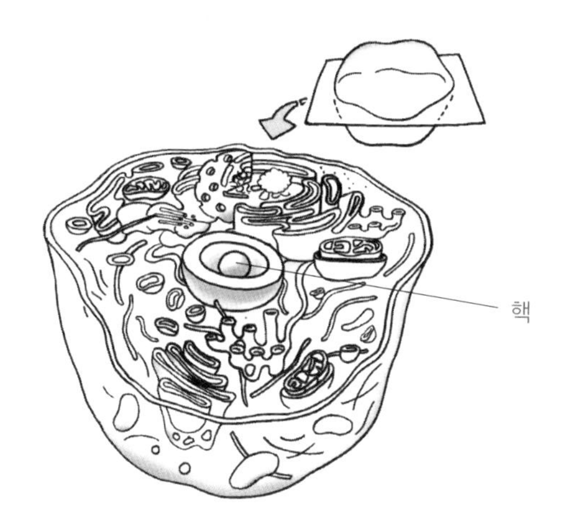

것, 기다란 주머니 같은 것, 기다란 럭비공 같은 것……. 세포 안이 이렇게 복잡한 줄 몰랐지요?

세포 안의 기관들은 모두 다 이름이 있답니다. 그리고 하는 일이 다 다르답니다. 저것들은 우리가 실험실에서 사용하는 현미경으로는 보이지 않고 전자 현미경으로만 관찰할 수 있답니다. 1만 배 정도로 확대해야 보이지요. 1만 배란 1cm를 1만 cm로 확대해서 보는 것이랍니다.

세포 가운데에 공 모양의 커다란 기관이 있는 것이 보이지요. 바로 세포핵입니다. 자세히 보니 벽에 구멍이 나 있네요. 이제 그 구멍을 통해 안으로 들어갑니다.

참, 지난 시간에 DNA가 어디에 있다고 했지요?

__ 핵 안에 있다고 하셨어요.

맞습니다. 그렇다면 DNA가 어디 있는지 찾아볼까요? 자세히 보세요. 약간 굵은 실 같은 것이 퍼져 있는 것이 보이지요? 저것이 바로 염색사라고 불리는 것입니다. 저 안에 DNA가 담겨 있답니다. 그렇다면 염색사 안에서 DNA는 어떤 모습으로 있을까요?

염색체를 풀어 가면 실 모양의 DNA가 나타난다

염색사는 세포가 분열할 때 뭉쳐서 염색체가 된답니다. 아마 여러분도 염색체라는 말은 들어 보았을 것입니다. 염색이 잘된다고 해서 붙인 이름이지요. DNA 모습은 염색체로부터 살펴보는 것이 좋답니다. 다음 그림을 보세요.

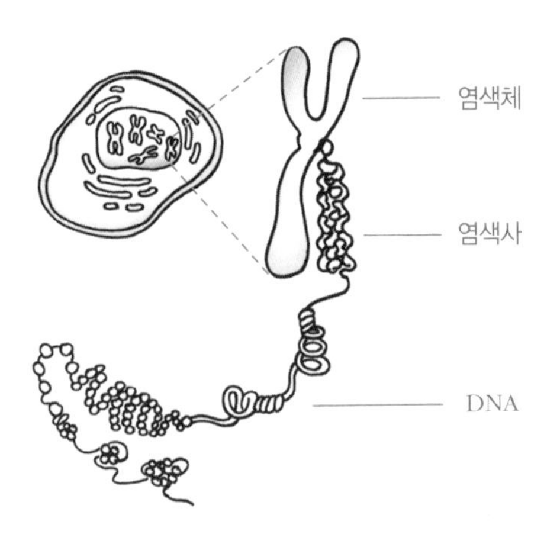

염색체를 약간 풀어 가면 염색사가 나오지요. 이 염색사를 계속 더 풀어 가면 바로 DNA가 나옵니다. 어떻게 생겼나요?

__ 실 모양입니다.

사람의 세포 안에는 46개의 염색체가 있는데, 이 염색체의 DNA를 모두 꺼내 잇는다면 약 1.8m가 됩니다. 눈에 보이지도 않는 세포 안에 1.8m에 이르는 끈이 들어 있는 것이지요. 사람의 세포가 약 60조 개라고 하니 사람의 세포에 있는 DNA를 모두 꺼내 잇는다면 태양을 몇십 번 갔다 오고도 남을 만한 길이입니다. 엄청나지요?

왓슨 박사는 실이 감긴 막대기를 들고 이야기를 계속했다.

끊어지기 쉬운 실을 보관하려면 어떻게 하면 좋을까요? 이렇게 막대기에 감아 놓으면 되겠지요? DNA도 실 모양이어서 끊어지기가 쉽겠지요? 그래서 DNA를 단백질에 감아 놓는답니다. 그런데 막대기 모양의 단백질이 아니고 구슬 모양의 단백질이지요.

이렇게 구슬 모양의 단백질에 감아 놓은 DNA를 겹쳐서 꼬면 염색사가 되지요. 그리고 염색사를 더 심하게 꼬면 염색체가 되고요. 그런데 염색체는 세포가 분열할 때만 보인다고

했지요? 그 이유가 뭘까요?

방바닥에 실이 풀어져 놓여 있다고 해 봅시다. 이것을 다른 장소로 옮기려면 어떻게 하면 좋을까요? 실패에 감아서 가져가는 것이 좋겠지요? 세포가 분열할 때 염색사가 풀어진 상태로 있다면 염색사를 나눠 갖기가 어렵겠지요? 끊어질 수도 있고. 그래서 뭉쳐서 염색체가 되는 거랍니다. 꼭 기억해 두세요.

DNA가 단백질을 감으면 염색사가 되고, 염색사가 운반하기 좋게 뭉치면 염색체가 된다.

방추사

염색체

왼쪽 그림을 보면 이해가 더 잘될 것 같네요. 왼쪽 그림은 세포가 분열하는 과정을 그린 것이지요. 세포 양쪽에서 나온 끈이 염색체를 끌어가지요? 만일 염색사가 그대로 있으면 양쪽으로 끌어가기가 어렵겠지요?

실 모양의 DNA에는 정보가 입력되어 있다

여기서 여러분의 호기심이 발동될 것 같네요. 왜 DNA는 기다란 실 모양을 하고 있을까요? 보통 DNA를 설계도라고 하는데 요즈음에는 제조법이라고도 해요. 세포가 만드는 단백질들의 제조법이 담겨 있다고 해서지요. 아무튼 DNA가 몸의 설계도이든 단백질의 제조법이든 그 안에 정보가 담겨 있지요. DNA가 가진 정보를 좀 어려운 말로 유전자라고 한답니다. 다음과 같이 짝을 지어 생각해 볼까요?

정 보	만들어지는 것
설계도	집
조리법	음식
제조법	제품
악보	음악
유전자	단백질

사람의 경우 유전자는 3만여 개나 되지요. 이렇게 많은 정보를 간직하기 좋도록 DNA는 기다란 끈 모양을 하고 있는 거랍니다. 실 같은 DNA의 어떤 부분에는 피부 색깔에 대한

정보가, 어떤 곳에는 눈꺼풀에 대한 정보가, 어떤 곳에서는 키에 대한 정보가 일렬로 쭉 입력되어 있답니다.

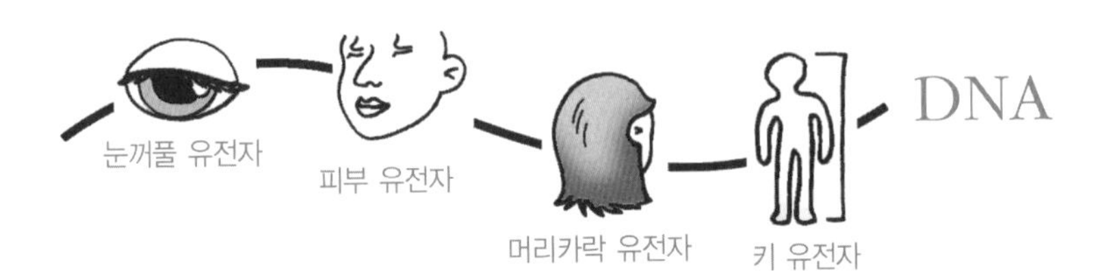

DNA가 실 모양인 또 하나의 중요한 이유가 있습니다. 유전 정보는 읽기에 편리하도록 보관되어야 하겠지요? 만일 유전 정보가 밀가루 덩어리와 같은 물질 속에 들어 있다고 해 봅시다. 정보를 읽어 내기에 여간 어려운 게 아니겠지요? 하지만 DNA에는 일렬로 유전 정보가 입력되어 있으므로 DNA를 쫙 펴면 읽기가 편하답니다.

그러나 DNA는 실 모양이어서 끊어지기 쉽기 때문에 평상시에는 조금 감겨 있다가 필요한 부분만 펴서 정보를 읽을 수 있게 하지요. 평상시에 조금 뭉쳐 있다가 필요한 부분만 펴서 읽고, 다시 조금 뭉쳐 있고, 그러다가 세포가 분열할 때 단단히 뭉치고, 다시 조금 풀어져 있다가 필요할 때 다시 완전히 풀어서 읽고……. 이렇게 반복되는 거랍니다.

DNA는 꼬인 사다리 모양을 하고 있다

DNA는 실 모양을 하고 있는데 좀 더 자세히 보면 그냥 실 모양이 아니라 그림과 같이 꼬인 사다리 모양을 하고 있지요.

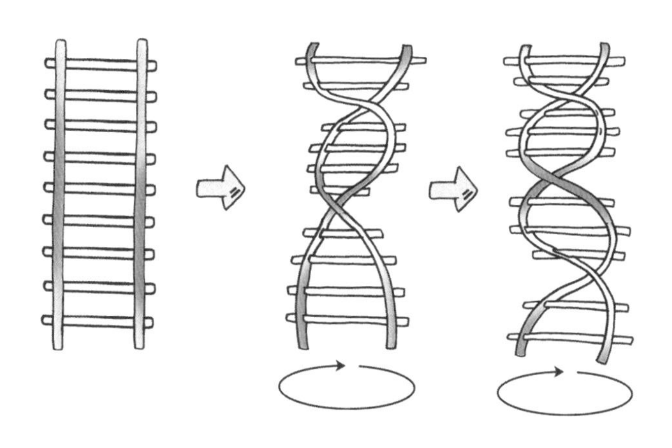

이 사다리는 뉴클레오타이드라는 조그만 분자들이 모여서 생겨나지요. 조립식 사다리라고나 할까요. 그래서 DNA는 사슬 분자라고 할 수 있지요. 조그만 분자들이 사슬처럼 연결되어 이루어진다는 뜻에서 말입니다. 여러분, 녹말이라는 말을 들어 보았지요? 녹말도 포도당이라는 작은 분자가 사슬처럼 연결되어 이루어진 사슬 분자입니다.

단백질 또한 아미노산 분자가 이어져서 된 사슬 분자이고요. DNA도 녹말이나 단백질처럼 커다란 사슬 분자랍니다.

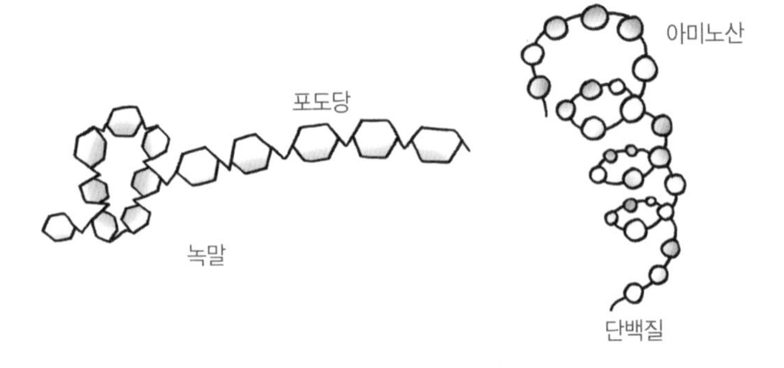

DNA는 반듯한 사다리 모양을 하고 있지 않고 꼬인 모양을 하고 있지요. 이런 모양을 좀 어려운 말로 이중 나선 구조라 하지요. 2겹으로 꼬여 있는 모양을 하고 있다는 뜻이지요. 바로 이것이 내가 동료 학자 크릭(Francis Crick, 1916~2004)과 함께 발견한 DNA 구조랍니다. 나와 크릭이 DNA 모형을 만들었을 때 너무나 아름답게 보였습니다.

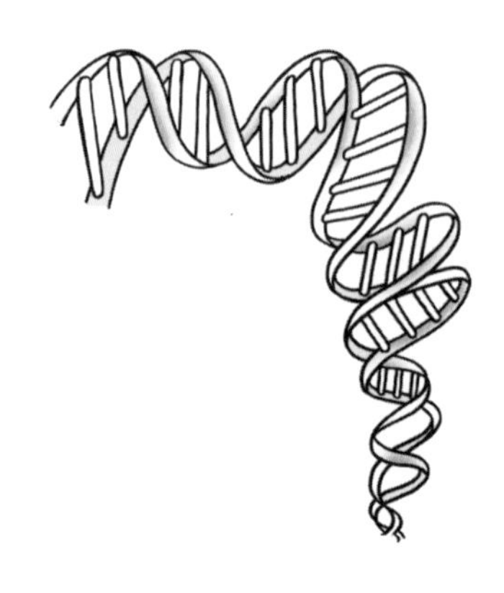

과학자의 비밀노트

뉴클레오타이드(nucleotide)

당, 인산, 염기가 1:1:1의 비율로 결합되어 있는 화합물로, 핵산의 기본 단위이다. 즉, 수많은 뉴클레오타이드의 결합으로 형성된 폴리뉴클레오타이드가 핵산이며 DNA와 RNA가 있다. 뉴클레오타이드는 한 개의 인산기, 한 개의 5탄당과 한 개의 질소를 함유한 염기가 모두 공유 결합으로 연결되어 이루어져 있다.

만화로 본문 읽기

거기서 뭘 하나요?
어머니의 뜨개실로 장난하다 풀어져서 실패에 다시 감고 있어요.

DNA도 이렇게 실처럼 되어 있다는 걸 알고 있나요?
정말이요?

NA도 실처럼 생겼는데 이것을 뭉치면 염색체가 됩니다.
왜 이름을 염색체라고 하는 거죠?

염색이 잘된다고 해서 붙인 이름이지요. DNA의 모습은 염색체로부터 살펴보는 것이 좋답니다. 염색체를 계속 풀어 나가면 이 실처럼 생긴 DNA가 나옵니다.
그런데 선생님, 실을 풀면 어떡해요!

안해요. 우리 몸에는 46개의 염색체가 있고, 이것을 풀면 약 1.8m가 됩니다. 즉, 세포 안에 긴 끈이 들어 있는 셈이죠.
와~, 염색체가 저보다 두 배는 더 크네요.

사람의 세포가 약 60조 개로, 사람의 세포에 있는 DNA를 모두 꺼내 잇는다면 태양을 몇십 번 갔다 오고도 남을 만한 길이가 된다고 하니 엄청나지요?
몇십 번을 갔다 올 수 있다고요? 우아~, DNA는 정말 대단하군요.

세 번째 수업

3

DNA에는 암호가 있어요

DNA에는 유전 정보가 어떻게 담겨 있을까요?
DNA의 암호가 무엇인지 알아봅시다.

3

세 번째 수업

DNA에는 암호가 있어요

교과연계		
교.	중등 과학 1	4. 생물의 구성과 다양성
과.	중등 과학 3	1. 생식과 발생
연.	고등 생물 I	8. 유전과 진화
계.	고등 생물 II	3. 생명의 연속성

왓슨이 고민하는 모습으로 교실에 들어와 세 번째 수업을 시작했다.

이 주제에 대해서는 이야기하지 않으려고 했어요. 왜냐하면 본격적인 분자의 세계라 여러분에게 좀 어렵겠다 싶어서요. 하지만 여러분이 잘 따라와 줘서 이야기를 해도 좋겠다는 느낌이 들어요. 아마도 여러분은 잘 따라오리라 믿어요. 이 이야기를 듣고 난 후에 여러분은 DNA에 대해 많이 알고 있다고 자부심을 가져도 좋아요.

자, 그럼 상상의 나래를 펴서 DNA 분자의 세계로 함께 떠나 볼까요?

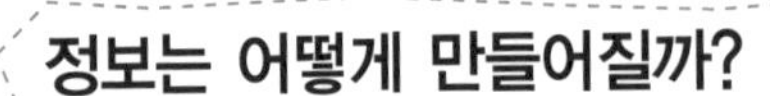

정보는 어떻게 만들어질까?

왓슨이 칠판에 악보를 그리며 이야기를 시작했다.

먼저 악보 이야기부터 하지요. 악보에는 소리에 대한 정보가 적혀 있지요. 소리를 높게 내라, 소리를 짧게 내라, 소리를 강하게 내라, 바이올린으로 연주해라, 드럼을 쳐라 등과 같은 정보이지요.

그런데 악보에 같은 높이로 하나의 음표만 계속된다고 해봐요. 음악이 아주 단조롭겠지요? 음악적인 표현을 하기가 어렵고요. 왜냐하면 음악적인 정보가 거의 없기 때문이지요. 하지만 다양한 높이에 다음과 같이 4가지 음표가 섞여 있다고 해 보세요.

♪ ♪ ♬♩♬ ♪ ♬ ♪ ♩.♩ ♬

음악적인 정보가 담겨 있을 수 있겠지요? 슬픔, 기쁨, 쓸쓸함, 웅장함 등등. 여기서 우리는 정보에 대한 중요한 단서를 하나 발견하게 돼요. 즉, 정보는 차이 또는 다양함을 필요로 한다는 거지요.

우리 주변에서 정보를 전달하는 수단이 되는 것들에는 무엇이 있나요? 글자, 알파벳 철자, 숫자, 점과 선 등은 모두 다양한 모습을 한 것들을 여러 가지로 조합하여 정보를 만들어 냅니다. 만일 알파벳이 A 하나라면 생각을 적어 내기가 무척 어렵겠지요? 즉 다음과 같은 결론을 내릴 수 있습니다.

정보는 차이를 필요로 한다.

DNA에 유전 정보는 어떻게 담겨 있을까?

그렇다면 DNA에 유전 정보는 어떻게 담겨 있을까요? 자, 다음 두 가지 그림을 비교해 보세요. (가)와 (나) 둘 중에 어느 것이 의미를 갖기에 유리할까요?

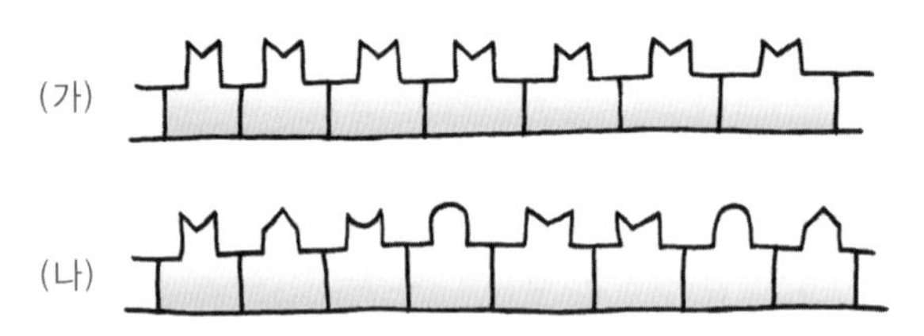

__(나)일 것 같은데요.

맞아요. (가)는 윗부분의 모양이 똑같지만 (나)는 윗부분의 모양이 여러 가지이기 때문에 배열 순서에 따라 다양한 의미를 가질 수 있으니까요.

자, (나)그림을 좀 더 자세히 보세요. 윗부분에서 서로 다른 모양이 몇 가지나 있나요?

__4가지요.

하나의 유전자는 위의 그림과 같이 4가지의 분자들이 다양한 순서로 연결되어 정보를 담아 냄으로써 이루어집니다. 즉, 4가지가 어떤 순서로 이어지느냐에 따라 유전 정보가 달라진다고 생각하면 되지요. 마치 4가지 음표가 어떤 음악적인 소리를 만들어 낼 수 있듯이 말입니다.

그렇다면 이것이 DNA와 무슨 관계가 있을까요? 사다리 모양의 DNA를 벌리면 다음 그림과 같은 모습이 되지요.

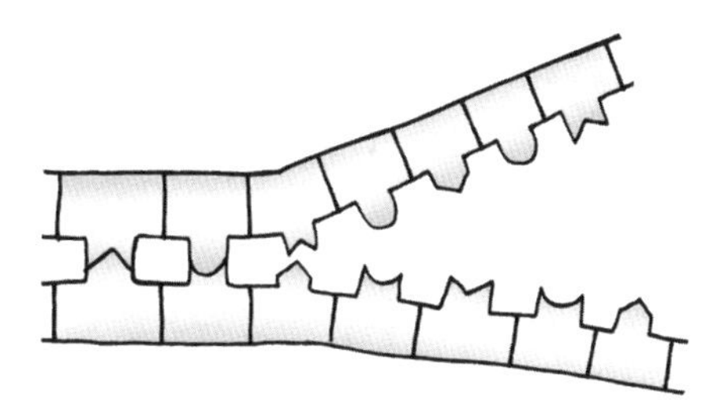

자, 이번에는 4가지 모양에 각각 A, T, C, G라는 알파벳을 붙여 봅시다. 하나하나를 뉴클레오타이드라고 한답니다.

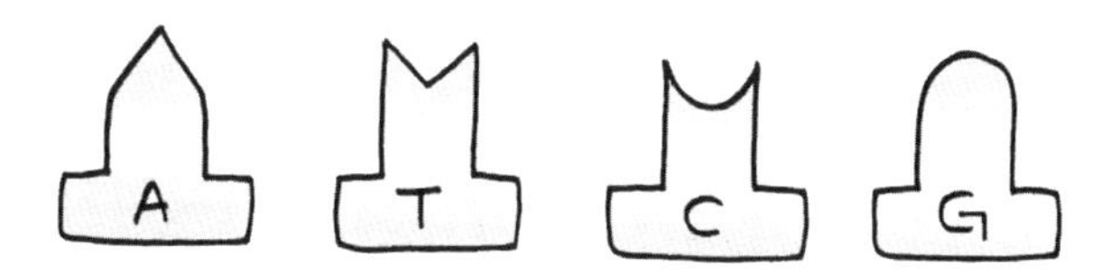

그런데 자세히 보면 A는 T하고, G는 C하고 짝이 맞는 것을 알 수 있을 겁니다. 그래서 이들은 다음 그림과 같이 서로 짝을 맞춰 결합할 수 있게 되지요.

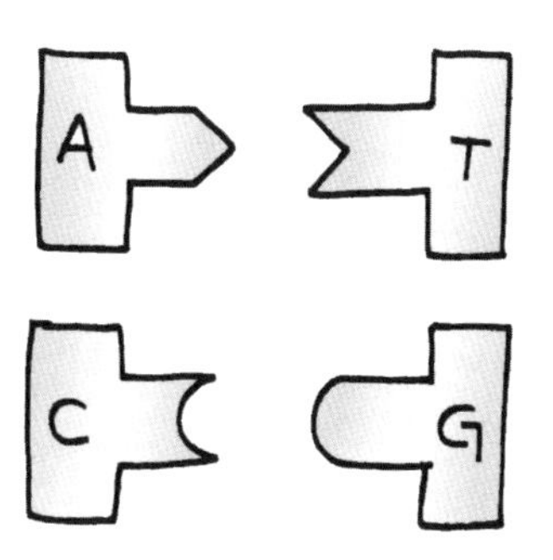

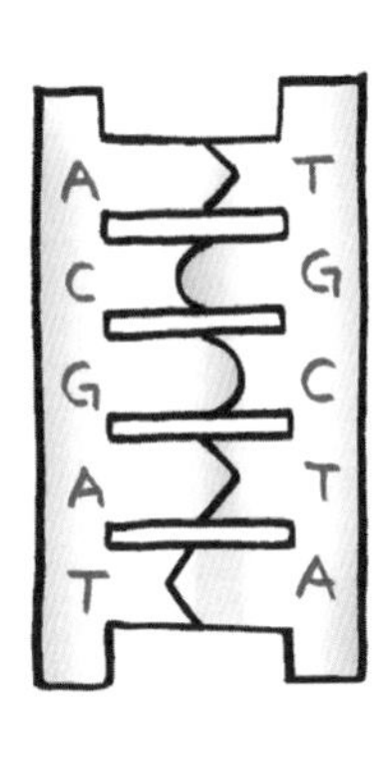

이렇게 서로 결합을 하여 이으면 사다리 모양의 DNA가 생겨난답니다. 그래서 DNA는 2가닥으로 되어 있다고 할 수 있답니다. 마치 실 2가닥을 꼬아서 만든 실처럼 말이지요.

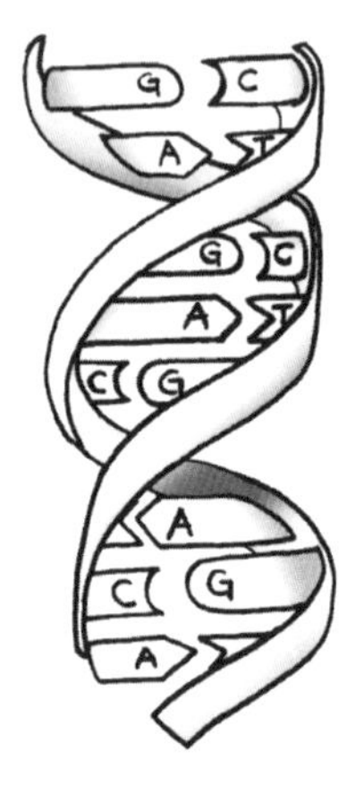

A와 T, G와 C 사이의 결합을 수소 결합이라고 하는데 결합의 세기가 아주 약하답니다. 그래서 DNA의 2가닥은 쉽게 벌려지고 필요할 때 정보를 읽을 수 있는 거랍니다.

DNA의 한쪽 가닥의 정보를 알면 다른 쪽도 알 수 있다

그런데 한 가지 재미있는 것이 있습니다. DNA의 한쪽 가닥의 문자 순서를 알면 다른 쪽 가닥은 저절로 알 수 있다는 것이지요. 무슨 얘기냐고요? A는 항상 T하고만, G는 항상 C하고만 결합합니다. 한쪽의 순서를 알면 다른 쪽의 순서도 알 수 있다는 것이지요. 연습해 볼까요?

자, 한쪽 가닥의 DNA를 이루는 뉴클레오타이드 순서가

ATCTAACTG

라고 해 보세요. 그럼 다른 쪽 가닥의 순서는 다음과 같습니다.

TAGATTGAC

정보를 읽을 때는 사다리 모양의 DNA를 벌려서 세포가 필요한 한쪽만 읽어 내지요. 물론 사다리 양쪽 가닥이 갖는 정보는 서로 다르답니다. 이때 한 가지 의문이 생기지요? 양쪽의 정보 중 어떤 쪽이 진짜일까요? 그것은 세포가 스스로 정하기 때문에 아직 명확히 알 수 없답니다. 자, 다음을 보세요.

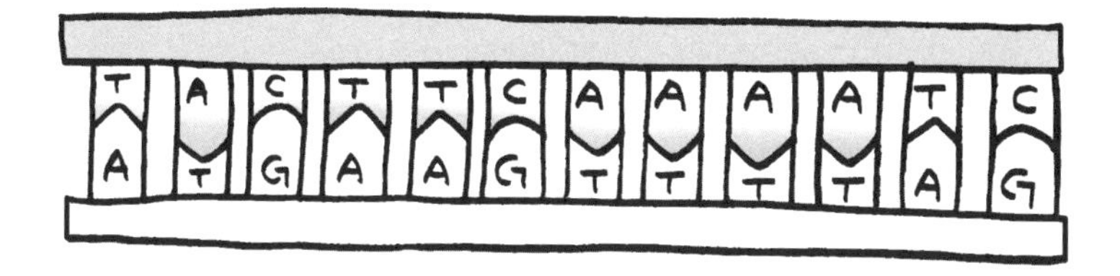

앞의 그림에서 위쪽에 붙여진 알파벳만 모아서 차례대로 써 볼까요?

TACTTCAAAATC

무슨 암호 같지요? 이것이 바로 유전 정보가 되는 것이랍니다. DNA에 있는 유전 정보는 이처럼 A, G, C, T 4가지의 알파벳으로 이름 지어진 작은 분자들이 일렬로 결합되어 생성된답니다.

아까 DNA는 기다란 끈 모양이라고 했지요? DNA의 정보를 A C T T G처럼 쓴다면 얼마나 많은 양이 될까요? 세균의 DNA는 보통 소설책 150권, 사람은 약 1만 5,000권에 달한다고 합니다. 이렇게 많은 암호가 사람의 모습을 결정하기도 하고, 세포 안에서 어떤 물질을 만드는 것을 조절하기도 한답니다.

과학자의 비밀노트

DNA의 이중 나선 구조

1953년 왓슨과 크릭에 의해 해명된 DNA의 분자 구조는 이중 나선 구조로서, 뉴클레오타이드의 기다란 사슬 두 가닥이 새끼줄처럼 꼬여 있다. 이 구조는 마치 사다리를 비틀어서 꼬아 놓은 것과 같은 모양인데, 4종의 염기(A, G, C, T)와 디옥시리보오스, 인산으로 구성되어 있다. 사다리의 두 다리는 디옥시리보오스와 인산으로 연결되어 있고, 사다리의 발판은 두 다리에서 직각으로 뻗어 나와 서로 마주 보고 있는 염기에 해당한다. A와 T, G와 C는 서로 짝을 이루어 수소 결합을 하여 사다리의 두 다리가 서로 붙들려 있게 된다.

자, 그럼 지금까지 이야기한 것을 한번 정리해 보지요.

다음에 나오는 그림을 잘 보세요. 세포 안의 염색체 전체를 소설 전집이라고 한다면 염색체는 1권의 책으로 비유할 수 있지요. 그리고 염색체를 완전히 풀어서 얻어진 DNA는 문장이라고 할 수 있지요. DNA에는 … A A T C G A C T T … 이런 식으로 정보가 있으니까요. 이해할 수 있겠지요?

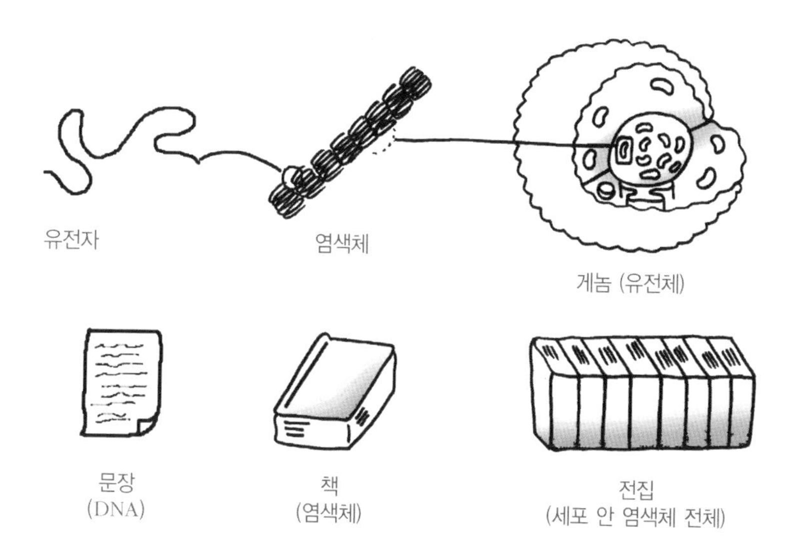

만화로 본문 읽기

못 풀겠다.
뭘 그렇게 고민하고 있나요?

미애가 낸 문제인데 도저히 못 풀겠어요. 미애야, 나 포기할래.
ATCTAACTG
||
(   )
뉴클레오타이드군요.

아요. 선생님께서
명 좀 해 주세요.
뉴클레오타이드는 바로 유전 정보가 되는 것이랍니다. DNA에 있는 유전 정보는 이처럼 A, G, C, T 4가지의 알파벳으로 이름 지어진 작은 분자들이 일렬로 결합되어 생성된답니다. 이 하나 하나를 뉴클레오타이드라고 하죠.
뉴클… 타이… 요?

뉴클레오타이드에서 A는 T하고, G는 C하고 짝이 맞는 거예요. 그래서 차례대로 써 보면 이것과 같아요.
ATCTAACTG
||
TAGATTGAC

DNA가 기다란 끈 모양이라고 했지요? 만약 생물의 DNA 정보를 A C T T G처럼 쓴다면 책으로 얼마나 많은 양이 될까요?
한 10권 정도요?

세균의 DNA는 보통 소설책 150권, 사람은 약 15,000권에 달한다고 해요. 이렇게 많은 암호가 사람의 모습을 결정하기도 하고, 세포 안에서 어떤 물질을 만드는 것을 조절하기도 한답니다.
우아~, 15,000권 정도씩 이나요??

네 번째 수업 4

DNA 암호 전달하기

DNA의 정보는 필요한 부분만 복사되어 세포질로 전달됩니다.
DNA 정보가 어떻게 전달되는지 알아봅시다.

4

네 번째 수업

DNA 암호 전달하기

교. 과. 연. 계.

중등 과학 1	4. 생물의 구성과 다양성
중등 과학 3	1. 생식과 발생
고등 생물 Ⅰ	8. 유전과 진화
고등 생물 Ⅱ	3. 생명의 연속성

왓슨이 휴대폰을 손에 들고
네 번째 수업을 시작했다.

세포 안에서는 많은 일이 일어난답니다. 우리 눈에 보이지도 않는 세포 안에서 어떻게 그 많은 일이 일어날 수 있는지 그저 놀랍기만 합니다. 우리는 아직 세포에서 일어나는 일에 대해 10%도 제대로 알지 못합니다.

세포를 연구한 책을 읽다 보면 '~에 대해서는 아직 잘 모른다' 라는 말이 많이 나옵니다. 그만큼 세포에 대해서 아직 연구해야 할 부분이 많다는 뜻이지요. 여러분이 과학자가 되어서 우리가 아직 알아내지 못한 것들을 밝혀 주기 바랍니다.

세포 안에서 일어나는 수많은 일의 대부분은 세포질에서

일어납니다. 그리고 그 일들은 제멋대로 일어나는 것이 아니라 핵 안의 DNA의 정보에 따라 일어납니다. 여러분은 벌써 궁금한 것이 하나 생겼을 것입니다. 그렇다면 핵 안에 있는 DNA의 정보가 어떻게 세포질로 전달될까요?

물론 DNA는 핵에서 세포질로 나가는 법이 없답니다. DNA는 너무나 중요하기 때문에 2겹의 막으로 쌓인 핵 속에 보관되어 있기 때문이지요. 여러분이 가장 아끼는 물건을 보관하듯이 말입니다.

여러분은 문자 메시지로 친구에게 자신의 정보를 알릴 수 있습니다. 여러분이 휴대폰의 자판을 누르면 그것이 디지털 신호로 바뀌어 공중을 날아가서 기지국을 거쳐 다시 친구의 휴대폰에서 문자로 나타납니다. 이런 상상을 해 보세요. DNA가 휴대폰을 가지고 있어서 세포질로 메시지를 보낼 수 있다는 상상을요.

DNA의 정보는 복사되어 세포질로 전달된다

지난 시간에 DNA가 뭉쳐 있는 염색체를 책에 비유했던 것이 기억나지요? 자, 염색체를 책이라고 해 봅시다. 책을 펼치면 많은 글씨가 있는데, 그것을 DNA가 갖는 정보라고 해 봅시다. 그 책은 도서관에 있습니다. 이 도서관은 절대 책을 빌려 주지 않는 도서관입니다. 필요한 책은 복사해 갈 수만 있습니다. 무슨 도서관이 그렇게 야박하냐고요? DNA는 핵 밖으로 나가는 일이 없기 때문이지요. 지금 핵을 도서관이라고 생각하고 있거든요.

도서관에서 책을 빌려 주지 않을 때 우리는 어떻게 하지요? 그 책의 필요한 부분을 펼쳐서 복사해 가지고 나옵니다. 마찬가지입니다. 세포가 어떤 일을 할 때 그 일에 필요한 정

보가 담겨 있는 DNA는 복사되어 핵 밖의 세포질로 보내집니다. 핵막에 구멍이 나 있는데 이곳으로 복사된 DNA의 정보가 나간답니다.

DNA의 정보는 복사되어 세포질로 보내진다.

DNA의 정보는 필요한 부분만 복사된다

앞에서 DNA의 정보 전달과 관련한 중요한 문제 한 가지를 이야기했습니다. 궁금하지요? 이런 것입니다. 도서관에는 수많은 책이 있지만 우리가 그 책을 다 읽지는 않지요? 생물을 공부할 때는 생물 참고서를 보고, 소설을 읽고 싶을 때는 소설책을 읽잖아요? 그리고 하나의 책에서도 필요한 곳만 선택해서 읽지요?

DNA의 정보를 읽는 것도 마찬가지랍니다. 핵이라는 도서관에 있는 DNA라는 책을 모두 읽는 것이 아니지요. 세포가 필요로 하는 부분의 DNA만 읽습니다. 즉, DNA에는 약 3만 개의 설계도(유전자)가 담겨 있는데, 그것들이 항상 필요한 것이 아니라 일부만 필요하다는 것이지요. 그래서 필요한 부분만 복사되어 세포질로 보내지는 것입니다. 기억해 두세요.

DNA의 정보는 필요한 부분만 골라서 읽혀진다.

좀 더 넓게 생각해 볼까요? 사람의 세포는 몸에서 차지하고 있는 부분에 따라 하는 일이 각각 다릅니다. 예를 들어, 간에 있는 세포와 뇌에 있는 세포는 하는 일이 다르지요. 간세포는 쓸개즙을 만든다면 뇌세포는 심장 박동을 조절하거나 생각하는 일을 하지요.

어떻게 하는 일이 서로 다를까요? 간세포와 뇌세포의 핵에 있는 DNA가 서로 다르기 때문일까요? 아닙니다. 간세포나 뇌세포의 핵에는 서로 같은 DNA가 들어 있답니다. 간세포와 뇌세포는 서로 같은 책이 있는 도서관을 가지고 있는 셈이지요. 자꾸 중요한 말이 나오네요.

한 사람의 세포가 갖는 DNA는 모든 세포가 같다.

그러면 간세포와 뇌세포가 어떻게 하는 일이 다를 수 있을까요? 핵이라는 도서관에서 서로 다른 책을 꺼내 복사하기 때문이랍니다. 즉, 간세포에서 복사되는 DNA 부분과 뇌세포에서 복사되는 DNA 부분은 서로 다르기 때문입니다.

한 가지 더 이야기하고 가지요. 여러분들이 궁금해할 것 같아서요. 어떻게 모든 세포가 DNA가 같을까요? 사람이 갖고 있는 약 60조 개에 이르는 많은 세포는 수정란이라는 하나의 세포가 분열해서 생긴 것입니다. 수정란이 분열해서 세포가 둘이 되고, 둘이 분열해서 넷이 되고, 이렇게 분열을 거듭해서 60조 개가량이 된 것이지요.

그렇다면 우리 몸에 있는 세포들은 수정란이 갖고 있던 DNA의 $\frac{1}{60}$조 개가량을 갖고 있을까요? 아닙니다. 다행히 세포는 분열할 때마다 DNA를 한 벌 더 복사하여 나눠 갖지요. 참, 생물학에서는 복사라 하지 않고 복제라 하지요.

세포는 분열하기 전에 DNA를 복제하여 2개의 딸세포가 나눠 가진다.

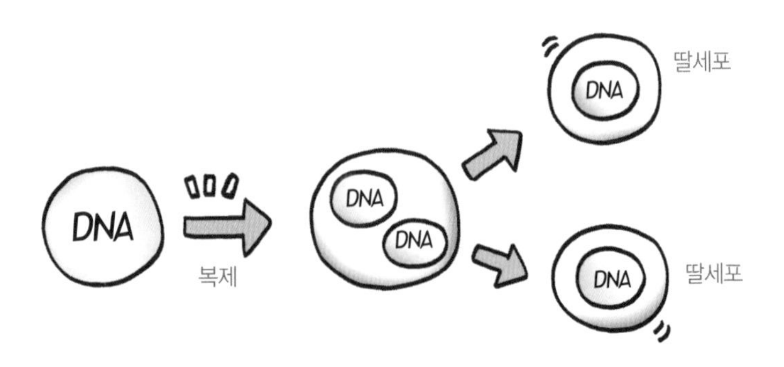

그래서 세포가 아무리 분열을 많이 해도 처음 세포와 나중 세포의 DNA는 같은 거랍니다. 결국 간세포나 뇌세포가 같은 DNA를 갖게 되는 셈이지요. 그러면 누가 핵이라는 도서관의 그 많은 DNA 중에서 어떤 부분을 복제할지 정하는 것일까요? 그것에 대해서는 아직 명확히 잘 모른답니다.

그렇다면 DNA는 어떻게 복제를 할까요? 다음 그림을 보세요.

복제를 할 때는 사다리 모양의 DNA가 지퍼가 열리듯 벌어진 다음에 각 쪽에서 A에는 T가, G에는 C가 결합하여 새로운 DNA를 만듭니다. 그림의 오른쪽을 보세요. 똑같은 DNA가 2개가 생겼지요? 세포가 분열하여 2개가 될 때 각각 하나씩 가져가는 것입니다.

DNA의 정보는 어떻게 복사될까?

자, 이제 핵 안에 있는 DNA가 어떻게 복사되어서 세포질로 나오는지 알아볼 차례가 되었습니다. 다음 그림은 복사할 DNA의 모양입니다.

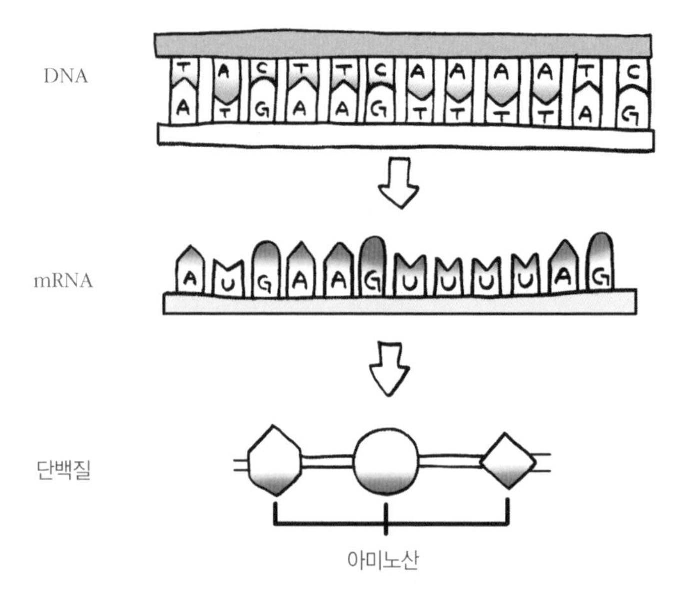

DNA를 마치 지퍼 열듯이 엽니다. 그러면 다음에 나오는 그림과 같이 되겠지요. 열린 부분의 한쪽을 택해 마치 새로운 DNA가 생기듯이 새로운 가닥이 생겨납니다. 이 가닥을 mRNA라 부르지요. 혹은 전령 RNA라고도 하고요. 전사할 부분의 전사가 끝나면 새로 생긴 가닥(mRNA)은 떨어져 나와 핵 밖으로 나가게 됩니다. 그러면 세포질에서 그것을 읽지요. 마치 우리가 도서관에서 복사해 온 글을 읽듯이 말입니다.

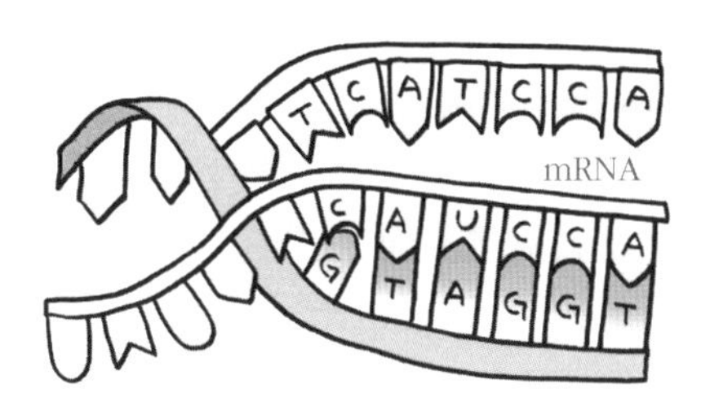

여기서 여러분은 한 가지 의문이 생겼을 것입니다. 전사한 부분이 원래 DNA 가닥과 반대의 모양을 갖고 있지 않을까 하는 것이지요. 맞습니다. 그래서 세포질에서는 이미 그 사실을 알고 반대로 그 가닥을 읽어 냅니다. 그리고 읽어 낸 정보에 따라 세포가 일을 하게 되는 것입니다.

만화로 본문 읽기

복사하고 있나요?
미애가 필기한 노트를 빌려 줄 수 없다고 해서 대신 복사해서 보려고요.

DNA가 핵에서 복사가 되나요?
마치 핵에서 DNA 정보가 복사되어 나가는 것과 같은 이치군요.

, 책을 빌려 주지 않는 서관에서 어떻게 자료를 져올 수 있을까요?
간단하죠. 필요한 부분은 복사해서 가져오면 되잖아요.

그래요. 세포도 마찬가지예요. 세포가 어떤 일을 할 때 그 일에 필요한 정보가 담겨 있는 DNA는 복사되어 핵 밖의 세포질로 보내집니다. 핵막에 나 있는 구멍으로 복사된 DNA의 정보가 나간답니다.

지만 DNA에는 많 정보가 담겨 있다 하던데 어떻게 다 사할 수 있나요?
자료를 찾을 때도 책을 모두 복사할 필요가 없듯이 DNA 3만 개의 설계도(유전자) 중 필요한 부분만 복사하면 돼요.

우아~, 그럼 도서관이 60조 개나 있는 거네요.
또한 모든 세포는 같은 정보를 가지고 있어요. 우리 몸에 있는 60조 개의 세포는 각자 하는 일은 달라도 모두 같은 DNA가 들어 있답니다.

다섯 번째 수업

5

DNA의 정보에 따라 세포는 무슨 일을 할까요?

DNA 정보는 세포가 무슨 일을 하는지 알려 줍니다.
세포가 하는 일을 알아봅시다.

5

다섯 번째 수업

DNA의 정보에 따라 세포는 무슨 일을 할까요?

교. 과. 연. 계.

중등 과학 1	4. 생물의 구성과 다양성
중등 과학 3	1. 생식과 발생
고등 생물 I	8. 유전과 진화
고등 생물 II	3. 생명의 연속성

왓슨은 무언가 망설이다가 다섯 번째 수업을 시작했다.

아무래도 이 이야기는 하고 지나가야 될 것 같네요. 좀 어렵긴 하지만요. 그래야 지금까지 이야기해 온 것을 마무리할 수 있으니까요.

지난 시간에 무슨 이야길 했지요? DNA는 핵 안에 있으며 전사되어 세포질로 전달된다고 했죠? 그러면 세포가 그 정보에 따라 일을 한다고 했습니다.

그렇다면 세포는 DNA 정보에 따라 도대체 무슨 일을 하는 걸까요?

DNA가 가지고 있는 정보는 세포가 어떤 단백질을 만들어야 하는지 알려 준다

DNA가 전사되어 세포질로 나오면 전사된 것이 읽혀집니다. 세포질에는 DNA의 전사본을 읽어 내는 리보솜이라고 하는 번역기가 있답니다. 그러면 번역된 DNA의 정보에 따라 세포는 어떤 일을 하게 되는 걸까요? 한마디로 단백질 합성이랍니다. 즉, DNA 정보는 세포질에서 어떤 단백질이 만들어져야 하는지 알려 줍니다.

그렇다면 도대체 단백질이 무엇이기에 DNA 정보라는 것이 단백질의 종류를 결정하는 것일까요?

단백질은 세포의 일꾼이다

여러분은 단백질에 대해서 어느 정도는 알고 있을 것입니다. 단백질은 우리 몸에서 여러 가지 일을 합니다. 그중에서도 세포 안에서 화학 반응이 일어나게 한다거나 필요한 물질을 운반한다거나 몸을 움직이게 하는 것을 단백질이 담당합니다. 그래서 단백질은 세포의 일꾼이랍니다.

세포에서 어떤 단백질이 얼마나 많이 만들어지느냐에 따라 세포가 하는 일이 달라집니다. 예를 들어, 집을 지을 때 벽돌을 쌓아야 할 일이 많다면 벽돌 쌓는 일꾼을 부르고, 벽을 칠해야 할 일이 많다면 칠을 전문으로 하는 일꾼을 부르는 것과 마찬가지지랍니다. 어떤 일꾼을 불렀느냐에 따라 벽돌이 쌓아지거나 벽이 칠해지겠지요?

DNA 정보에는 어떤 단백질을 얼마나 많이 만들라는 명령이 들어 있으므로 결국 DNA가 갖는 정보는 세포가 하는 일을 결정하게 되는 셈입니다.

DNA가 갖는 정보는 세포가 하는 일을 결정한다.

다시 말하면, DNA는 세포의 일꾼인 단백질을 어떤 종류로, 얼마나 많이 만들까 하는 것을 결정해 줍니다. 그러면 그 결정에 따라 단백질이 만들어지고 그 단백질이 하는 일에 따라 세포에서 하는 일이 달라집니다.

핵 안의 DNA → 전사된 DNA(mRNA) → 리보솜에서 번역 → 단백질 합성 → 단백질이 일을 함.

여러분은 내가 지금까지 DNA 정보가 설계도나 제조법이라고 말했던 것을 기억하지요? DNA 정보는 결국 필요한 단백질 제조법입니다. 그러므로 DNA 정보를 설계도라고 하기보다 제조법이라고 하는 것이 더 정확한 표현이지요. 아무튼 DNA 정보가 단백질 제조법이라고 하는 것은 무척 중요한 이야기이니 꼭 기억해 두기 바랍니다.

단백질은 20개의 아미노산으로 이루어져 있다

호기심이 많은 여러분은 DNA가 어떻게 세포질에서 만들어져 단백질의 종류를 결정하는지 궁금할 것입니다. 지금부터 여러분의 궁금증을 풀어 보겠습니다.

단백질은 20가지의 아미노산으로 구성되어 있습니다. 즉, 단백질은 20가지 아미노산이 목걸이의 구슬처럼 연결되어 이뤄진다는 뜻이지요.

그리고 단백질의 종류는 연결된 아미노산의 종류에 따라 달라집니다. 1번부터 20번까지 아미노산이 그릇에 담겨 있다고 합시다. 아무 그릇이나 아미노산을 하나씩 꺼내 이어 갑니다. 처음에는 1번 아미노산, 다음에는 5번 아미노산, 그 다

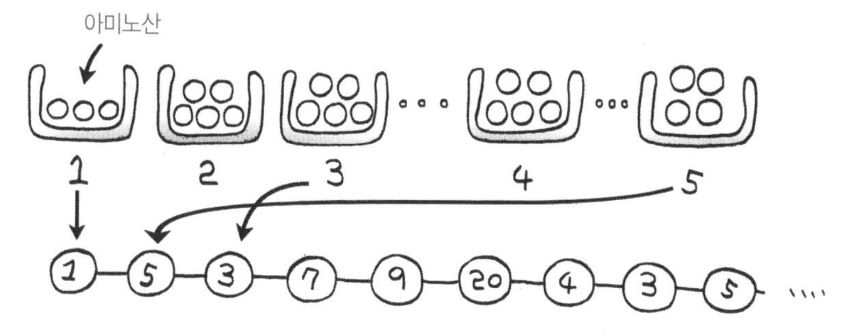

아미노산의 순서 = 단백질의 종류

음에는 몇 번 아미노산, ……. 이런 식으로 수백 개씩 아미노산을 이어 갑니다. 그런 다음 아미노산이 연결된 것을 뭉치면 단백질이 되는 것이지요. 그리고 이 단백질은 연결된 아미노산의 순서에 따라 종류가 결정된답니다.

자, 그러면 DNA 정보가 어떻게 단백질의 종류를 결정할까요? 현명한 여러분은 벌써 눈치챘을 것입니다. 아미노산을 연결하여 단백질을 만들어 갈 때 어떤 아미노산을 골라서 연결해야 되는지 결정해 주는 것이 바로 DNA 정보입니다. 어떤 그릇에 담겨 있는 아미노산을 꺼낼지 알려 주는 것이지요. 그 명령에 따라 아미노산이 연결되고 결국 DNA가 합성하고자 하는 단백질이 만들어집니다. 이 단백질이 무엇을 한다고 했지요?

__세포에서 필요한 일이요.

맞습니다. 자, 다시 한 번 정리해 볼까요?

DNA 정보 → 복제 → 만들고자 하는 단백질의 아미노산 순서 알려 줌. → 단백질의 합성 → 단백질이 세포에서 일을 함.

여러분은 지난 시간에 DNA에 암호가 쭉 연결되어 있다고 배웠던 것 기억나지요?

TACTTAGCCTAATGGACCTACTGA

이러한 암호 문자는 핵에서 전사되어 세포질로 나간다고 했지요? 이 암호가 이번에는 1번 아미노산, 다음에는 3번 아미노산을 연결하라는 명령문인 셈입니다. 세포질은 이 암호로 된 명령문을 해석하여 아미노산을 차례로 운반하여 단백질을 합성합니다.

그러면 위에 쓰여 있는 DNA 암호가 어떻게 20여 가지 아미노산을 하나하나 지정할까요?

자, 위의 암호 문자를 3개씩 끊어 읽어 볼까요?

TAC TTA GCC TAA TGG ACC TAC TGA

여기서 세 개의 문자는 20가지의 아미노산 중 하나를 지정합니다. 그렇다면 A, C, G, T 네 개 문자로 된 암호문에서 세 개씩 짝을 짓는다면 몇 가지 경우가 생길까요?

4×4×4=64가지가 생깁니다. 20가지의 아미노산을 지정하기에 충분한 조합이지요.

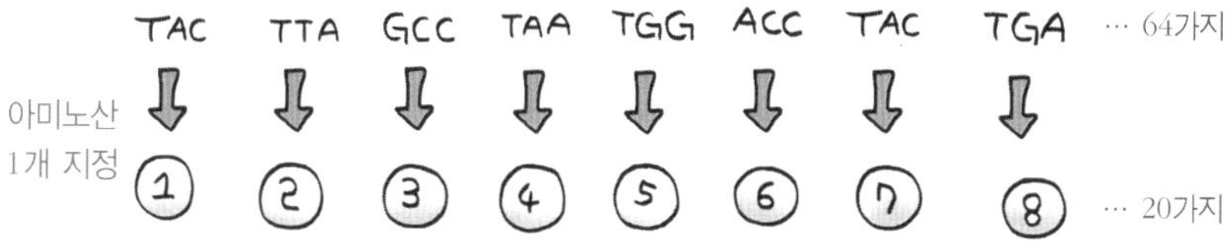

TAC TTA GCC TAA TGG ACC TAC TGA … 64가지

아미노산 1개 지정

① ② ③ ④ ⑤ ⑥ ⑦ ⑧ … 20가지

20가지 모두를 지정하고도 남는다.

세포는 눈에 보이지 않을 만큼 작지만 그 안에서 일어나는 일은 이처럼 치밀하답니다. 우리가 도서관에서 책을 복사해 가지고 나와서 그 내용을 읽고 거기에 쓰여 있는 대로 어떤 일을 하는 경우와 거의 다를 바 없지요? 생명의 신비라는 말이 생각나는군요. 생물을 공부하면 할수록 세포에서 일어나는 일들이 무척 신비하다는 생각을 점점 더 많이 하게 될 것입니다.

만화로 본문 읽기

님, 세포는 DNA
에 따라 무슨 일
하는 건가요?
먼저 DNA 정보가 하는 일을 알아야겠죠. DNA 정보는 세포질에서 어떤 단백질이 만들어져야 하는지 알려 준답니다.

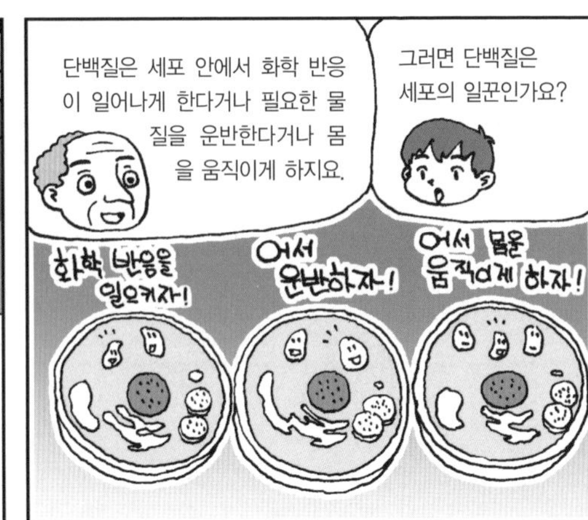
단백질은 세포 안에서 화학 반응이 일어나게 한다거나 필요한 물질을 운반한다거나 몸을 움직이게 하지요.
그러면 단백질은 세포의 일꾼인가요?
화학 반응을 일으키자!
어서 운반하자!
어서 몸을 움직이게 하자!

그래요. DNA는 세포의 일꾼
인 단백질을 어떤 종류로 얼
나나 많이 만들까 하는 것을
결정해 주지요.
그 결정에 따라 단백질이 만들어지는군요.
떤 스타일로 만들어 볼까…
단백질 공장

맞아요. 그 단백질이 하는 일에 따라 세포에서 하는 일이 달라지는 거예요.
그러면 단백질은 어떻게 구성되어 있나요?
핵 안의 DNA →
전사된 DNA(mRNA) →
리보솜에서 번역 →
단백질 합성 →
단백질이 일을 함.

백질은 20가지 아미노산이 목걸
의 구슬처럼 연결되어 있어요. 그
고 단백질의 종류는 연결된 아미
산의 종류에 따라 달라지지요.
어떻게요?
20가지 아미노산
1 2 4 3 7 10 20 8

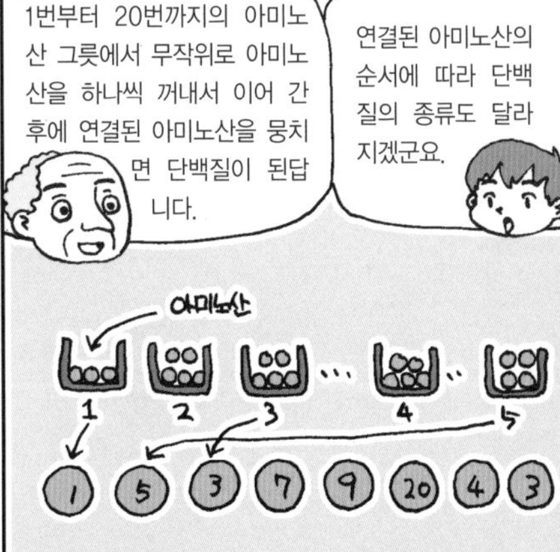
1번부터 20번까지의 아미노산 그릇에서 무작위로 아미노산을 하나씩 꺼내서 이어 간 후에 연결된 아미노산을 뭉치면 단백질이 된답니다.
연결된 아미노산의 순서에 따라 단백질의 종류도 달라지겠군요.
아미노산
1 2 3 4 5
1 5 3 7 9 20 4 3

여섯 번째 수업 6

DNA는 자손에게 어떻게 전달될까요?

DNA는 정자나 난자에 담겨 자손에게 전달됩니다.
어떻게 전달되는지 알아봅시다.

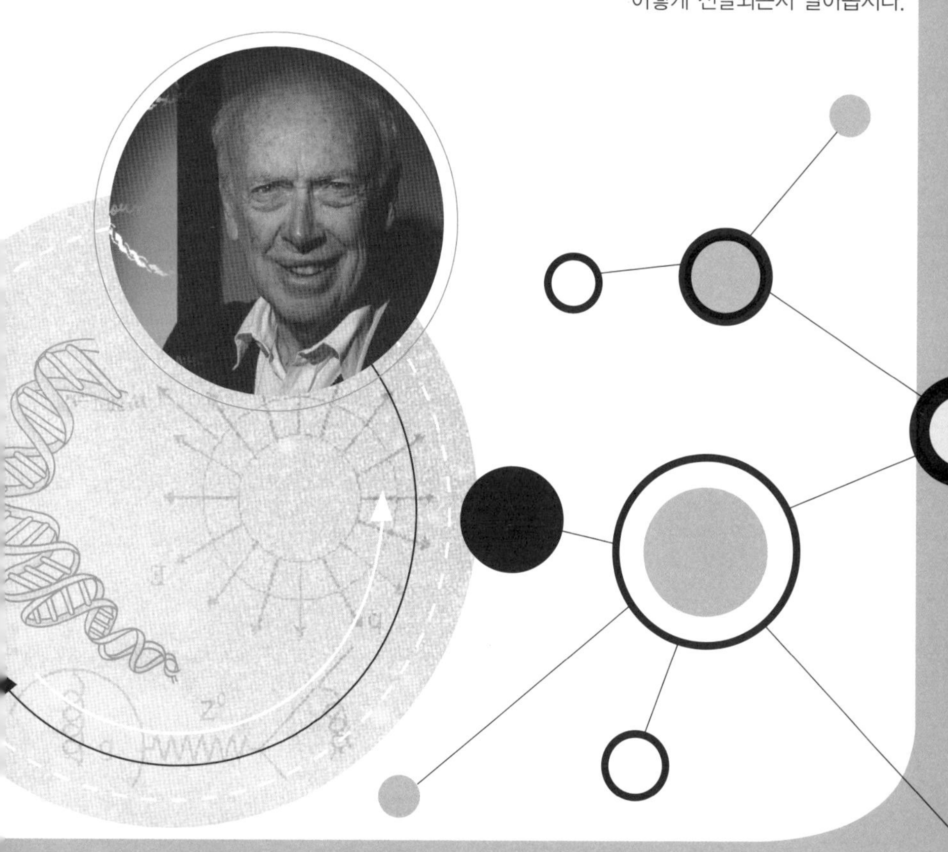

6

여섯 번째 수업

DNA는 자손에게 어떻게 전달될까요?

교. 과. 연. 계.

고등 생물 Ⅰ 8. 사람의 유전

고등 생물 Ⅱ 3. 생명의 연속성

왓슨이 가족 사진을 보여 주며 여섯 번째 수업을 시작했다.

지금까지 우리는 DNA가 세포 안에서 어떤 일을 하는지 알아보았습니다. 이제부터는 조금 방향을 달리하여 유전 정보로서의 DNA에 대해 이야기하려고 합니다.

나는 공원에 가면 벤치에 앉아서 산책을 나온 가족들의 얼굴을 살피는 취미를 갖고 있습니다. 함께 걸어가는 가족들의 얼굴을 보면 무척 비슷하게 생겼지요. 얼굴뿐만 아니라 걸음걸이, 키, 몸매도 닮았습니다. 그걸 보면서 나는 DNA의 위력에 대해 생각하곤 하지요.

가족들이 닮은 것은 부모가 자식에게 DNA를 물려주기 때

문입니다. 즉, DNA가 유전 정보를 담아서 전달하기 때문이지요. '지금 내가 이렇게 생긴 것은 부모로부터 물려받은 DNA 때문이다' 라고 말해도 거의 틀림이 없답니다. DNA, 정말 큰 위력을 가지고 있지요? 그러면 부모의 DNA가 어떻게 자손에게 전달되는지 알아봅시다.

DNA는 정자나 난자에 담겨 자손에게 전달된다

여러분은 정자와 난자가 결합하여 사람이 태어나는 것을 이미 알고 있을 것입니다. 아빠의 정자가 엄마의 난자를 찾아 수정을 하여 여러분이 태어났습니다. 다음 그림을 보세요. 무엇을 그린 것일까요?

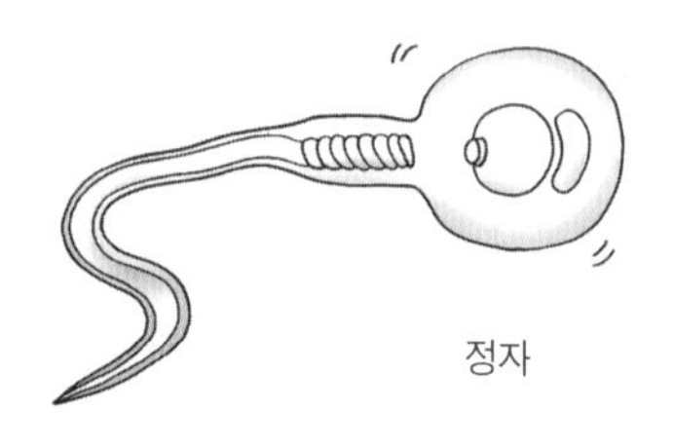

정자

__올챙이 같아요.

__아니에요, 정자 같아요.

네, 정자랍니다. 정자의 모습을 잘 보세요. 머리와 꼬리가 있지요? 정자는 헤엄치기 좋은 구조를 가지고 있습니다. 정자가 난자를 찾아 헤엄치는 거리는 정자에게는 무척 먼 거리라고 합니다. 정자를 사람이라고 하면 수백 km를 헤엄치는 셈이지요.

정자가 왜 난자가 있는 곳까지 헤엄쳐 갈까요? 무엇을 전달하려고 난자가 있는 곳까지 그 먼 길을 헤엄쳐 갈까요? 바로 아빠의 DNA를 난자에게 전달하기 위해서랍니다.

아빠의 DNA를 전달받은 난자는 자기가 가지고 있던 엄마의 DNA와 함께 짝을 이뤄 수정란이 분열을 시작하도록 합니다. 수정란이 한 번 분열하면 2개의 세포가 되고, 2개가 또 분열하면 4개의 세포가 되고, 이렇게 분열을 거듭하여 열 달 후면 약 4조 개의 세포를 갖는 아기가 됩니다.

물론 세포의 수만 늘어나는 것이 아니랍니다. 손발이 생기고 눈, 코, 입이 생기고……. 여러분은 아기의 손을 본 적이 있나요? 고사리 같은 손이 정말 예쁘지요? 이렇게 예쁜 몸을 가진 아기가 생겨나는 것은 기적 같은 일입니다. 그런데 수정란이 DNA를 가지고 있지 않다면 어떨까요? 물론 세포 분열이 일어나지 않습니다.

세포가 분열하는 것은 물론이고 분열하면서 손발이 생겨

나는 것은 DNA의 정보에 따라 일어나는 일이랍니다. 그런데 더 놀라운 것은 태어난 아기가 자라면서 점점 부모를 닮아 간다는 것입니다. 무엇 때문일까요? 바로 DNA 때문이지요.

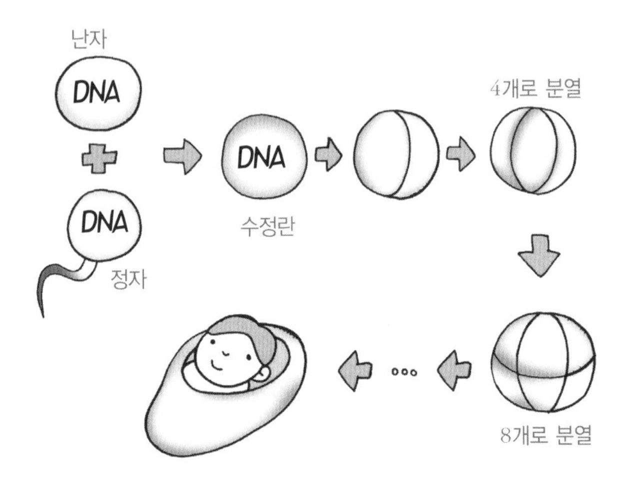

정자와 난자는 특이한 세포 분열을 통해 생겨난다

정자와 난자에는 각각 엄마와 아빠의 DNA가 들어 있다고 했지요? 그런데 정자와 난자가 갖는 DNA 양이 아빠, 엄마의 다른 세포가 갖는 DNA 양과 똑같을까요? 만일 정자와 난자가 다른 몸에 있는 세포와 똑같은 DNA 양을 가지고 있다면 어떻게 될까요? 수정란이 갖는 세포는 엄마나 아빠가 갖는

DNA 양의 2배에 해당하는 DNA 양을 갖게 될 것입니다. 또한, 여러분의 자식이 갖는 DNA 양은 여러분이 갖는 DNA 양의 2배를 갖게 되겠지요? 그러면 대를 거듭할수록 DNA 양이 점점 많아질 것입니다. 그러면 정말 큰일이 나겠지요? DNA의 양이 달라지면 돌연변이가 태어나거든요.

그러나 우리가 갖는 DNA 양은 다행히 엄마, 아빠가 갖는 DNA와 똑같습니다. 즉, 부모와 자손은 같은 양의 DNA를 갖게 되지요. 어떻게 부모와 자식의 DNA 양이 계속 똑같을까요? 정자와 난자를 만들 때는 좀 특이한 세포 분열을 하기 때문입니다.

정자와 난자가 생길 때는 어떤 방식으로 분열을 할까요?

지금 이야기하는 것을 잘 들으면 나중에 생물 시험을 볼 때 아주 도움이 될 겁니다. 생물에서 중요하게 여기는 생식 세포 분열에 대해 이야기하려고 하니까요.

세포 안에는 염색체가 있습니다. 염색체는 분열할 때 나타나지요. DNA가 뭉친 것이 염색체라고 했던 것을 기억하지요? 우리의 세포 안에는 46개의 염색체가 있답니다. 그런데

둘씩 모양과 크기가 같아서 23쌍의 염색체가 세포 안에 있는 셈이지요.

염색체가 쌍으로 들어 있는 이유는 모양과 크기가 같은 염색체를 엄마로부터 1개, 아빠로부터 1개씩 물려받기 때문이랍니다. 그런데 23쌍 중 맨 마지막 쌍을 성염색체라고 합니다. 이 성염색체는 남녀가 서로 다르지요. 남자는 모양이 다른 것이 2개이고, 여자는 모양이 같은 것이 2개이지요. 그래서 남자의 성염색체는 XY, 여자의 성염색체는 XX라고 한답니다. 남녀는 22쌍의 염색체가 같고, 나머지 1쌍만이 달라요.

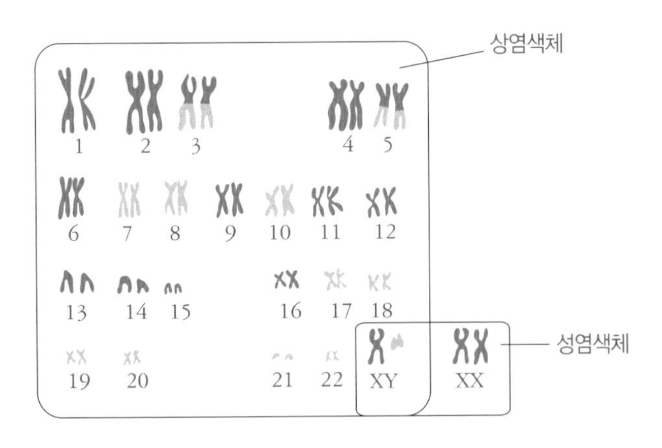

이 1쌍의 염색체에 들어 있는 DNA가 갖는 정보는 부분에 따라 같기도 하고 다르기도 합니다. 예를 들어 엄마는 혀말

기가 되고, 아빠는 안 된다고 합시다. 엄마의 염색체에는 혀 말기를 할 수 있게 하는 DNA 암호가 들어 있지만, 아빠의 염색체에는 혀 말기를 할 수 없게 하는 DNA 암호가 들어 있을 수 있지요.

이처럼 부모로부터 물려받은 1쌍의 염색체에는 한 형질에 관한 DNA 정보가 있습니다. 즉, 한 가지 모습에 대해 엄마는 이렇게 만들어라 하는 DNA 정보를 가지고 있고, 아빠는 저렇게 만들어라 하는 정보를 갖고 있답니다.

생식 세포를 만들 때는 23쌍의 염색체에서 1개씩만 택해서 정자나 난자에 넣어 줍니다. 즉, 엄마의 DNA 암호와 아빠의 DNA 암호 중에서 어느 한쪽을 택해서 정자에 넣어 주지요. 그러면 정자에는 몇 개의 염색체가 들어가게 될까요?

__23개요.

예, 23개가 들어가게 됩니다. 그렇다면 난자에는 몇 개의 염색체가 들어 있지요?

__23개요.

따라서 수정란은 46개의 염색체를 갖게 됩니다. 즉, 부모와 자손이 같은 양의 DNA를 갖게 되지요. 기억해 두세요.

정자와 난자에는 염색체가 23개씩 들어 있다.

만화로 본문 읽기

자와 난자가 결합하여 사
이 태어나는 것은 이미
고 있을 거예요. 아빠의
자가 엄마의 난자를 찾아
정을 하여 여러분이 태어
지요.

생님, 정자와 난자에 각각
빠와 엄마의 DNA가 들어
으면 우리들은 엄마, 아빠의
NA보다 두 배가 많아야 되
게 아닌가요?

그렇게 되면 돌연변이가 태어나서 큰일 나죠.

부모와 자식의 DNA 양은 같아요. 이것은 정자와 난자가 만들어질 때 좀 특이한 세포 분열을 하기 때문이죠.

우리 몸에는 46개의 염색체가 있는데, 두 개씩 모양과 크기가 같아서 23쌍을 이루죠. 우리는 엄마, 아빠에게 그중 하나씩만 받는답니다.

따라서 우리가 정자나 난자를 만들 때도 이렇게 받은 23쌍의 염색체 중 한 개씩만 택해서 넣어 주게 되는 거랍니다.
DNA
수정란

렇게 선택되어진 정자와 난자
염색체 23개가 결합해 부모와
은 양의 DNA를 가진 자손이 태
나게 되는 거지요. 그리고 이때
해지는 DNA 정보에 따라 자식
모습이 결정된답니다.

아하, 그렇구나!

일곱 번째 수업

7

DNA와 유전자

DNA와 유전자는 어떻게 다를까요?
DNA와 유전자에 대해 알아봅시다.

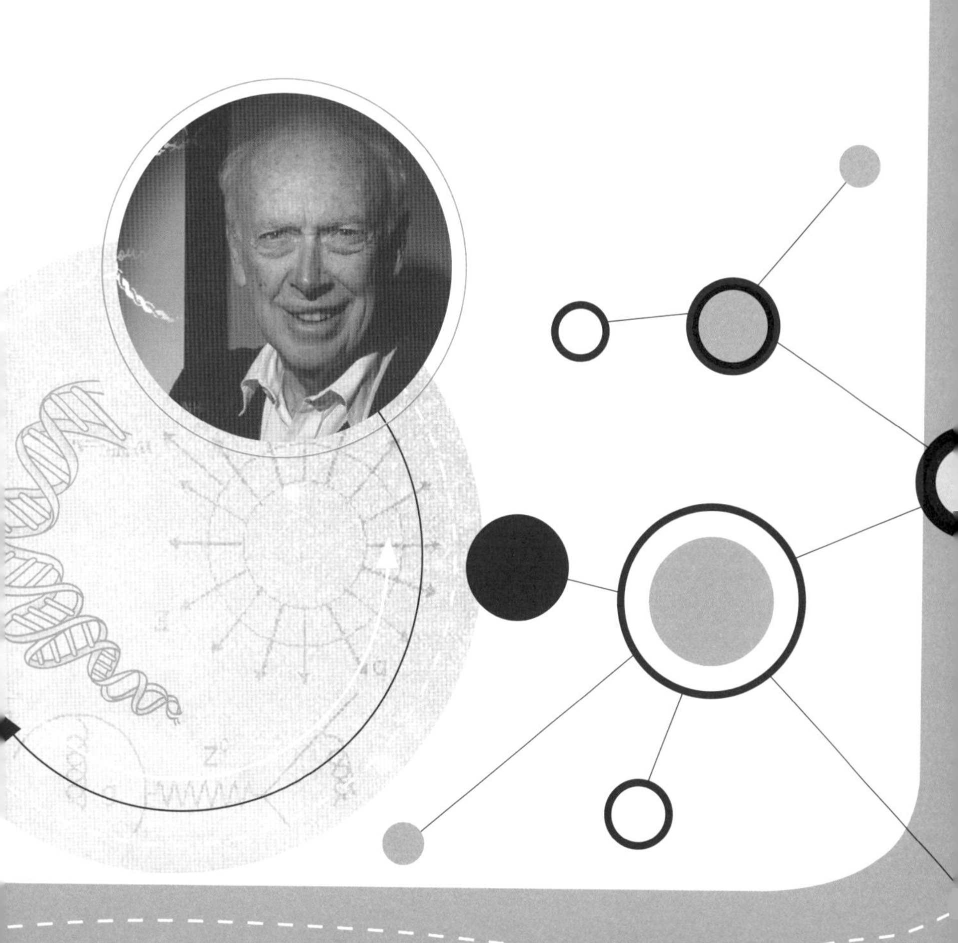

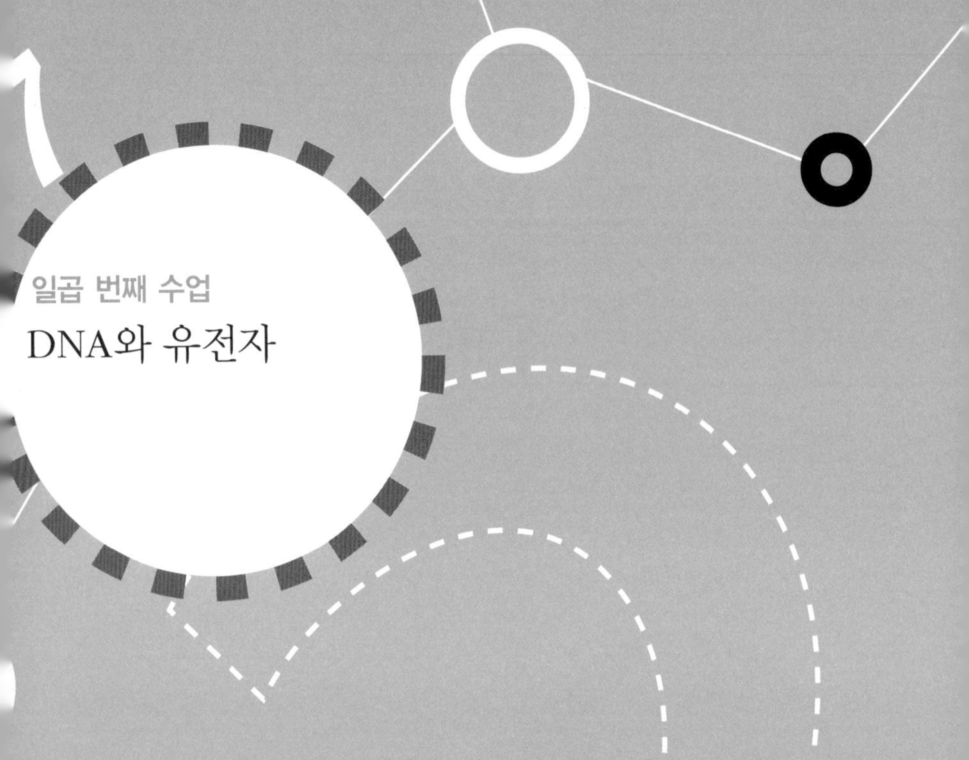

일곱 번째 수업

DNA와 유전자

교과연계		
	중등 과학 1	4. 생물의 구성과 다양성
	중등 과학 3	1. 생식과 발생
	고등 생물 I	7. 생식과 발생
		8. 유전과 진화
	고등 생물 II	3. 생명의 연속성

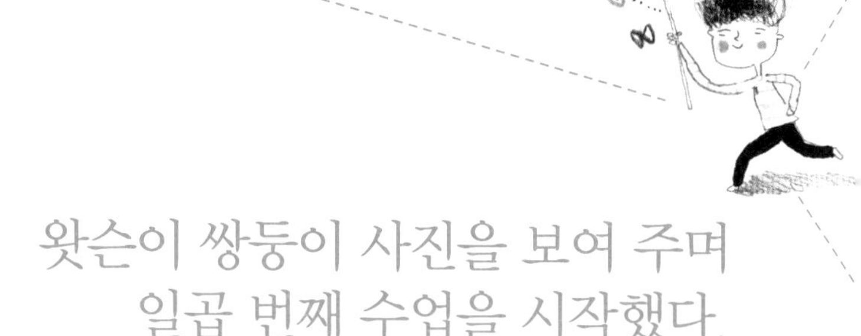

왓슨이 쌍둥이 사진을 보여 주며 일곱 번째 수업을 시작했다.

여러분은 쌍둥이를 본 적이 있을 겁니다. 쌍둥이는 생김새가 무척 많이 닮았지요?

미국에서 이런 일이 있었습니다. 쌍둥이가 어릴 적에 헤어져서 살다가 40세가 되어서야 서로 만날 수 있었답니다. 그런데 그들은 모습이 똑같은 것은 물론이고 직업, 자가용의 종류, 좋아하는 담배가 모두 같고, 심지어는 개를 한 마리씩 키우고 있었는데 그 개의 품종뿐만 아니라 이름까지 같게 지어 부르고 있었다고 합니다.

물론 우연의 일치일 수도 있지만 우리의 관심을 끌기에 충

분합니다. 어째서 쌍둥이는 모든 면에서 닮는 것일까요?

생김새는 유전자가 결정한다

유전을 공부할 때 형질이라는 말을 자주 접하게 됩니다. 형질이란 무슨 뜻일까요?

형질은 몸의 생김새라고 할 수 있습니다. 머리가 곱슬이고, 키가 크고, 피부가 검고, ……. 이 모든 것이 다 형질이라고 할 수 있지요. 뿐만 아니라 혈액형이 A형이냐, B형이냐 하는 것도 형질입니다. 그러니 눈에 보이는 것뿐만 아니라 보이지 않는 특성도 형질입니다. 이러한 형질은 유전자가 결정합니다. 그렇다면 DNA는 무엇이고 유전자는 무엇일까요?

이제 유전자와 DNA를 구분하여 설명하겠습니다. DNA는 아주 기다란 끈 모양이라고 했지요? 그리고 DNA에는 A, G, C, T로 구성되는 암호문 같은 것이 일렬로 입력되어 있다고 했지요? 그 암호문 모두가 유전자로 작용하는 것이 아니고 그중에 일부만 의미 있는 정보, 즉 유전자로 작용합니다.

DNA가 모두 유전자는 아니다. 그중에서 의미 있는 암호문이 유전자이다.

그러나 겉으로 보기에는 유전자와 유전자가 아닌 부분을 구분할 수 없답니다. 똑같이 A, G, C, T라는 염기로 되어 있기 때문이지요. 사람의 경우 DNA의 암호문 가운데 유전자로 작용하는 것은 2% 정도라고 합니다. 나머지 부분은 인트론이라고 하는데 비발현 부위라는 의미이지요. 다음 그림을 볼까요?

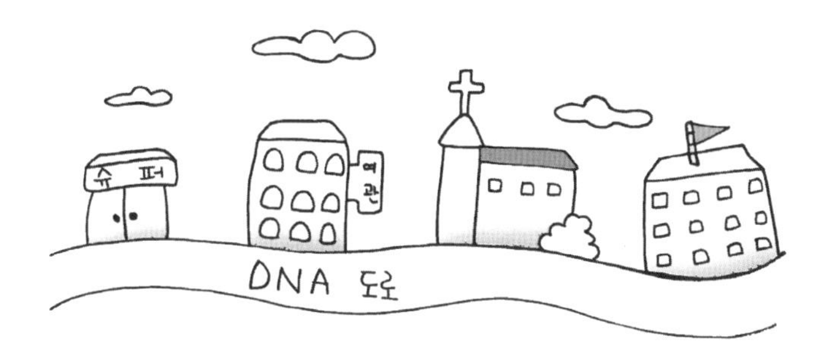

기다란 DNA라는 도로에 군데군데 집이 보이지요? 집이 있는 곳에 유전자가 있다고 생각해 보세요. DNA에서 유전자가 차지하는 부분은 아주 적다는 것을 알 수 있습니다. 그런데 유전자를 이루는 부분 중에서도 의미가 없는 부분이 있습니다.

어째서 DNA 암호문이 모두 유전자로 작용하지 않고 일부만 유전자로 작용할까요? DNA는 왜 불필요한 암호문을 가지고 있는 것일까요? 이것에 대해서는 아직 잘 모릅니다. 여러분이 열심히 공부해서 그 이유를 밝혀냈으면 좋겠습니다.

자, 그림을 좀 더 자세히 볼까요? 집들의 쓰임새가 모두 다르지요? 그림의 집들이 서로 지어진 목적이 다르듯이 유전자는 모두 서로 다른 형질을 결정한답니다.

사람의 DNA에는 약 3만 5,000개의 유전자가 있습니다. 이 유전자가 무엇이냐에 따라 사람의 모양이 결정됩니다. 그렇다면 쌍둥이는 왜 같을까요? 유전자가 같기 때문이랍니다. 더 정확히는 DNA가 같기 때문이지요. DNA가 같으니 그것에 포함되는 유전자도 같지요.

쌍둥이는 어떻게 해서 생길까요? 다음 그림처럼 수정란이 분열하여 2개의 세포로 되었을 때 이것이 서로 떨어져서 각각의 사람으로 자라는 것입니다.

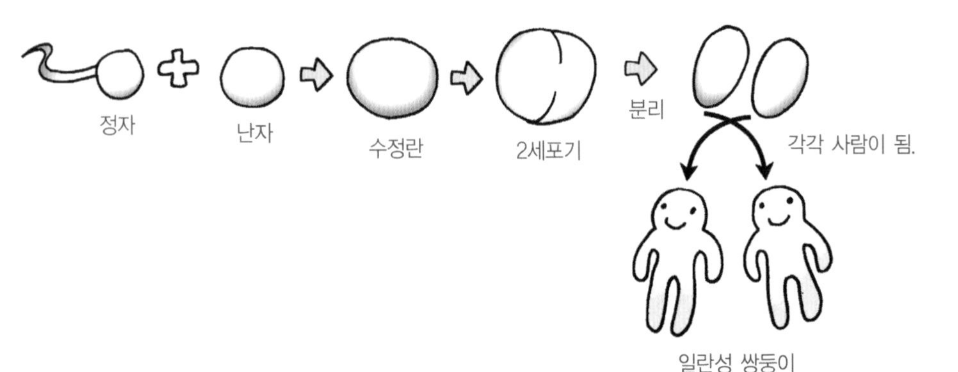

그런데 세포가 분열하기 전에 DNA를 어떻게 한다고 했던가요?

__ 복사한다고 하셨어요.

그렇지요, 생물학 용어로 복제한 다음에 나눠 갖습니다. 그래서 2개의 세포는 DNA가 똑같지요. 수정란이 분열하여 생긴 2개의 세포가 서로 떨어져서 각각 한 사람이 되는 쌍둥이를 일란성 쌍둥이라고 하지요. 이들의 유전자는 똑같답니다.

자, 그렇다면 여러분 옆에 있는 친구를 보세요. 나와 다르지요? 왜 다를까요? 유전자가 다르기 때문입니다. 자신이 일란성 쌍둥이 중 한 사람이 아니라면 세상에는 자기와 유전자가 똑같은 사람은 없답니다. 세상에서 '단 하나뿐인 나'인 거지요.

여러분 중에 자신은 못났다고 생각하는 사람이 있는지요? 아닙니다. 남과 다를 뿐입니다. 여러분 모두는 세상에서 유일한 존재입니다. 그러니 자부심을 가져도 좋습니다. 자, 나를 따라 해 볼까요? "나는 세상에서 단 하나뿐이다."

1가지 형질에 대해 2개의 유전자를 갖는다

우리가 부모를 닮는 것은 DNA에 있는 유전자를 물려받았

기 때문입니다. 그런데 한 가지 생각할 것이 있습니다. 우리는 하나의 형질에 대해 아빠로부터 1개, 엄마로부터 1개의 유전자를 받습니다. 지난번에 세포에는 모양과 크기가 같은 염색체가 짝을 지어 있다고 했지요? 그리고 그것은 부모로부터 하나씩 물려받은 거라고 했지요?

자, 여기 1쌍의 염색체가 있다고 합시다. 염색체 쌍의 같은 위치에 1가지 형질에 관계하는 유전자가 자리 잡고 있습니다. 예를 들어 아빠는 곱슬머리이고, 엄마는 곧은 머리라고 합시다. 이것도 유전자가 결정하지요.

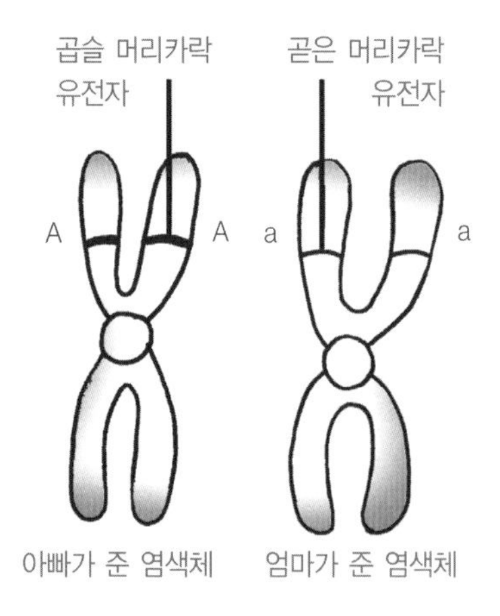

상동 염색체

그림에서 아빠가 준 염색체에는 곱슬머리 유전자가 있고, 엄마가 준 염색체에는 곧은 머리 유전자가 있어요. 이렇게 유전자도 쌍을 이루지요. 그래서 사람의 세포에는 약 3만 개의 유전자 쌍이 있게 됩니다. 그러면 어떤 유전자를 따라 머리카락의 모양이 생겨날까요?

둘 중 우성 유전자를 따라가지요. 즉, 한 유전자는 가만히 있고, 한 유전자만 활동하여 머리카락을 만들지요. 멘델은 이렇게 활동하는 유전자를 우성이라 하고, 활동하지 않는 유전자를 열성이라고 했지요. 결국 어떤 형질은 엄마를, 어떤 형질은 아빠를 닮게 되지요.

곧은 머리와 곱슬머리 중 어떤 것이 우성이냐고요? 곱슬머리가 우성이랍니다.

게놈(Genome)이란 무엇인가?

여러분은 게놈이란 말을 들어보았는지요. 좀 어려운 말이긴 하지만 잘 이해해 두길 바라요. 미래는 유전 공학의 시대라고 하니까 게놈이라는 말을 자주 듣게 될 것입니다. 우리말로는 유전체라고 번역되기도 하지요.

세포에는 23쌍의 염색체가 짝을 이뤄 들어 있다고 했지요? 그리고 각 쌍의 염색체에는 같은 형질에 관여하는 유전자가

서로 짝을 이루고 있다고 했지요? 결국 사람의 세포에는 2세트의 염색체가 있으니 모든 유전자는 2세트가 있는 것이지요.

이 중에서 1세트의 염색체가 갖는 DNA를 모두 합한 것을 게놈이라고 합니다. 다시 말하면 세포는 2개의 게놈을 갖고 있는 것이지요. 아참, 정자에는 보통 세포의 DNA의 절반이 들어 있다고 했으니까 정자에는 1개의 게놈이 있는 거겠지요? 정자나 난자에는 1개의 게놈이 있고, 수정란에는 2개의 게놈이 있습니다.

보통의 세포에는 2개의 게놈이, 정자와 난자에는 1개의 게놈이 들어 있다.

사람의 유전자는 다른 생물보다 얼마나 많을까?

사람의 유전자는 다른 생물보다 월등히 많을 것 같지만 그렇지 않답니다. 복어의 일종인 자주복의 유전자 수는 약 3만 2,000~4만 개로 사람과 비슷합니다.

예쁜꼬마선충이라는 벌레는 땅속에 사는데, 세포 수가 1,000여 개 정도로 크기가 약 1mm인 작은 벌레랍니다. 유전 연구에 널리 이용되는 아주 유명한 벌레이지요. 이 벌레의 유전자 수는 2만 개나 됩니다. 크기를 생각할 때 아주 놀라운 유전자 수이지요.

유전 연구에 널리 이용되는 또 다른 동물인 초파리의 유전자는 1만 4,000개이고, 효모는 6,000개입니다. 사람의 복잡성과 우수성, 행동을 생각할 때 유전자 수가 하등한 생물과 별 차이가 없다는 것은 쉽게 이해가 가지 않지요?

그러나 이렇게 생각하면 좋을 것 같아요. 사람은 유전자를 활용할 수 있는 능력이 뛰어나다고요. 유전자를 언제 사용해야 하는지 조절하는 장치가 우수하기도 하고, 뇌와 같은 우수한 기관을 만들 수 있으므로 더 우수한 행동을 할 수 있는 것이지요.

또 이런 주장도 있습니다. 사람은 자손을 교육할 능력이 있어서 유전자 이상의 능력을 발휘할 수 있다고요. 어쨌거나 사람의 유전자 수는 다른 생물과 크게 차이가 나지 않는답니다.

만화로 본문 읽기

우아, 정말 신기하다.
일란성 쌍둥이군요.

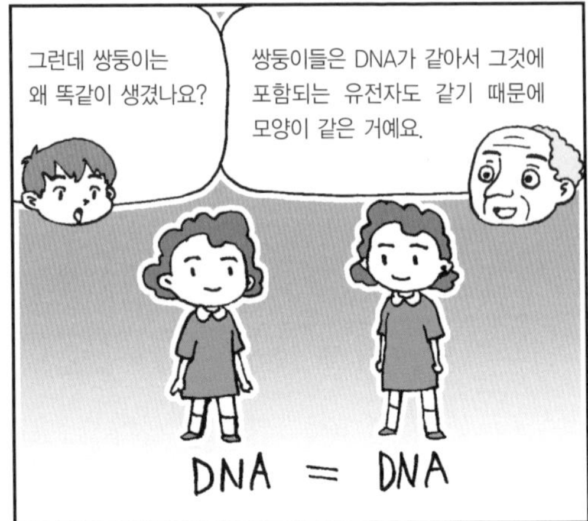

그런데 쌍둥이는 왜 똑같이 생겼나요?
쌍둥이들은 DNA가 같아서 그것에 포함되는 유전자도 같기 때문에 모양이 같은 거예요.
DNA = DNA

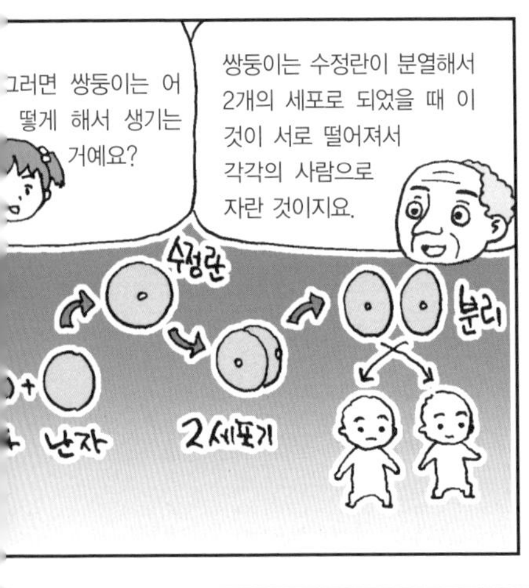

그러면 쌍둥이는 어떻게 해서 생기는 거예요?
쌍둥이는 수정란이 분열해서 2개의 세포로 되었을 때 이것이 서로 떨어져서 각각의 사람으로 자란 것이지요.
수정란
분리
난자
2세포기

그런데 세포가 분열하기 전에 DNA를 복사해서 나눠 갖기 때문에 2개의 세포는 DNA가 똑같아요.
그렇군요.
DNA=DNA

사람이 되는 쌍둥이를 일란성 쌍둥이라고 하지요.
그러면 일란성 쌍둥이의 유전자는 똑같겠네요?
유전자가 같아!!

그렇지요. 일란성 쌍둥이가 아니라면 세상에는 자신과 유전자가 똑같은 사람은 없지요.
그럼 나란 사람은 세상에서 단 하나뿐인 거네요.
나도, 나도!

여덟 번째 수업

8

DNA에 이상이 생기면 어떻게 될까요?

이상이 생긴 정자와 난자가 자손에게 전달되면 돌연변이가 생깁니다.
DNA 이상에 대해 알아봅시다.

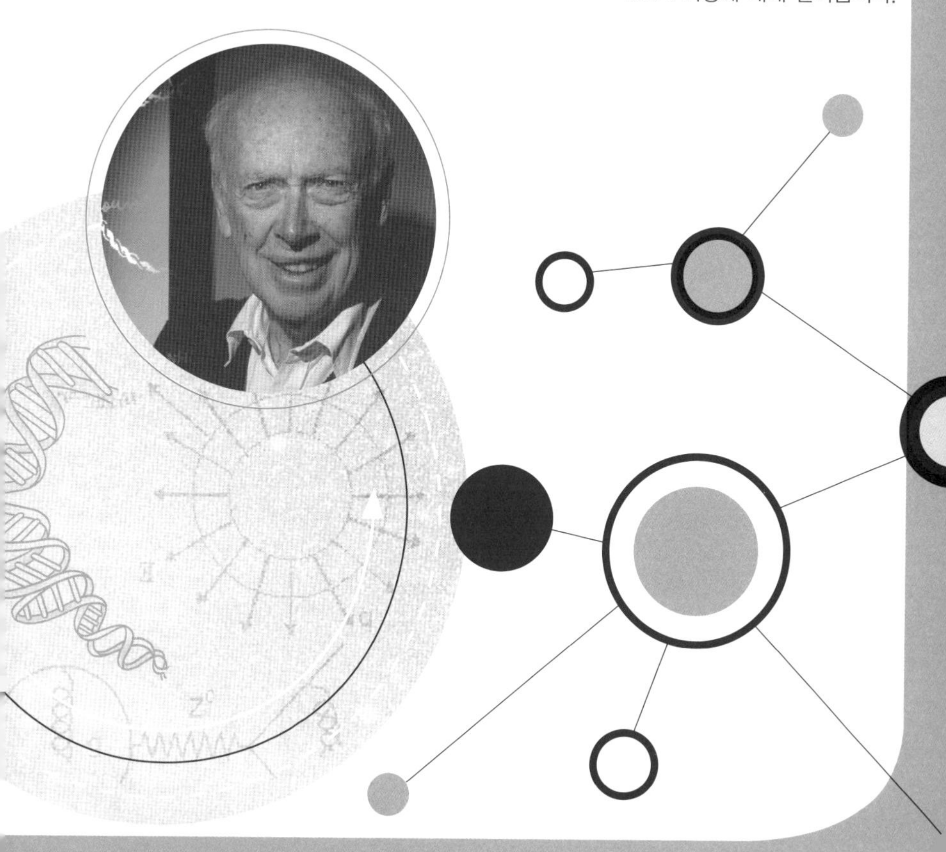

8

여덟 번째 수업

DNA에 이상이 생기면 어떻게 될까요?

교과연계.

중등 과학 1	4. 생물의 구성과 다양성
중등 과학 3	1. 생식과 발생
고등 생물 I	8. 유전과 진화
고등 생물 II	3. 생명의 연속성

왓슨이 적혈구 사진을 보여 주며 여덟 번째 수업을 시작했다.

그러면 DNA의 암호문에 이상이 생기면 어떻게 될까요? 특히 유전자를 이루는 DNA의 암호문에 이상이 생긴다면 어떻게 될까요? 형질에 이상이 생기겠지요. 생각만 해도 끔찍한 일입니다.

DNA 암호문의 글자 하나가 바뀌어도 문제가 생긴다

자, 다음 사진을 보세요.

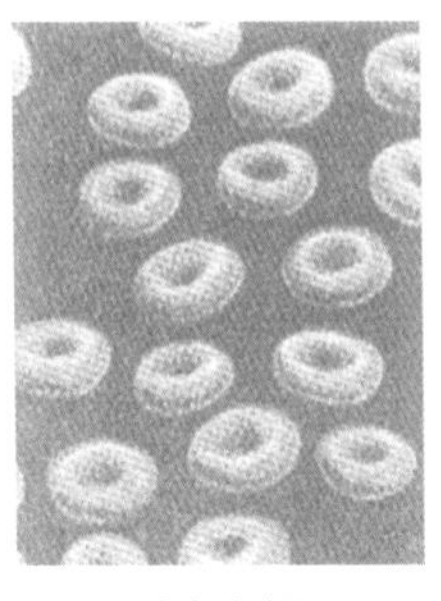

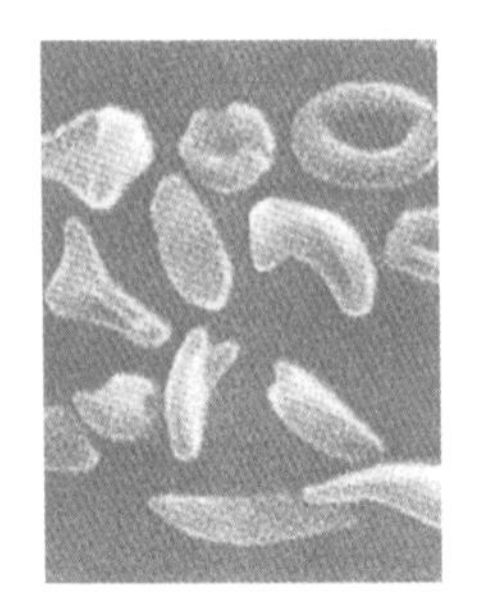

정상 적혈구　　　　낫 모양 적혈구

둥그렇고 예쁘게 생긴 적혈구가 보이지요? 그리고 오른쪽에 낫 모양으로 생긴 적혈구가 보이지요? 적혈구가 이렇게 낫 모양으로 생기면 어떻게 될까요? 뾰족한 부분이 혈관벽에 자꾸 걸리겠지요? 특히 가느다란 혈관인 모세 혈관을 지나갈 때 아주 불편하지요. 그래서 낫 모양의 적혈구는 잘 부서진답니다.

적혈구는 무슨 일을 할까요? 산소를 운반하지요. 적혈구 안에는 산소와 잘 결합하는 헤모글로빈이라는 붉은색 단백질이 가득 들어 있어요. 혈액이 붉은색인 것은 바로 헤모글로빈이라는 단백질의 색이 붉기 때문입니다. 그래서 헤모글로빈이 들어 있는 적혈구가 붉게 보이고 이름도 적혈구라 짓게 되었지요. 자, 이렇게 생각해 보세요. 산소는 적혈구라는 버스를 타고 폐에서 몸으로 가는데, 헤모글로빈이 바로 산소가 앉는 좌석이라고요.

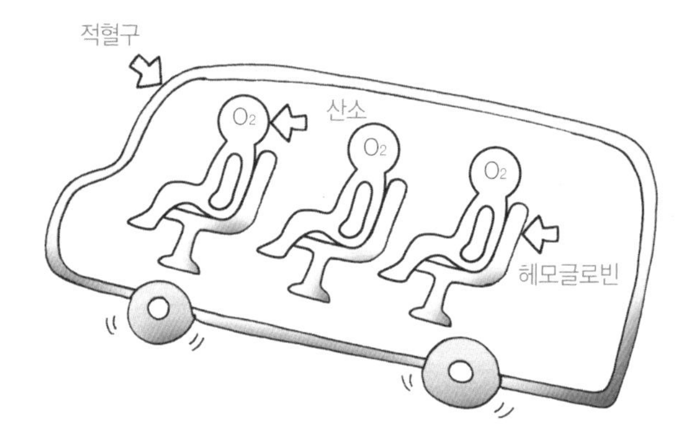

그런데 산소가 타고 다니는 버스인 적혈구가 쉽게 부서진다고 해 보세요. 우리 몸은 어떤 피해를 입게 될까요? 산소가 부족하게 되지요. 그러면 빈혈이 일어납니다. 빈혈은 뇌에 산소가 부족할 때 어지러움을 느끼는 증상이지요.

그러면 낫 모양으로 생긴 적혈구는 왜 생겨나는 걸까요? 적혈구 안에 있는 헤모글로빈이 실 모양으로 자꾸 뭉치기 때문에 적혈구 모양이 이상해지는 것입니다. 정상의 헤모글로빈은 적혈구 안에 각각 고루 퍼져 있지만, 낫 모양의 적혈구에 들어 있는 헤모글로빈은 서로 뭉치기 때문에 결국 적혈구의 모양이 낫 모양으로 불규칙하게 생긴다는 것이지요.

그러면 낫 모양의 적혈구에 들어 있는 이상한 헤모글로빈은 왜 생겨나는 걸까요? 이제부터 DNA에 이상이 생기면 어떤 현상이 일어나는지 알아볼 차례가 되었습니다.

지난 시간에 DNA의 암호문은 단백질을 만드는 제조법이며 그 암호에 따라 단백질의 종류가 결정된다고 했지요. 방금 말한 헤모글로빈도 단백질이고, DNA의 암호문에 의해 만들어지지요. 정상적인 헤모글로빈을 만드는 유전자 DNA의 암호문 중에는 다음과 같은 부분이 있습니다.

GTGCACCTGACTCCTGAGGAG

그런데 이 암호문 중에서 끝에서 5번째의 A가 T로 바뀌면 다음과 같이 되겠지요?

GTGCACCTGACTCCTGTGGAG

이처럼 글자 하나가 바뀌어서 생기는 헤모글로빈은 정상적인 헤모글로빈과 다른 아미노산이 결합되어, 정상적인 헤모글로빈을 만드는 단백질과 다른 종류의 단백질이 생겨납니다. 그 결과 이상한 헤모글로빈이 생기고, 낫 모양의 적혈구가 생기게 되지요. 낫 모양의 적혈구를 갖는 사람은 두통이나 빈혈에 시달려서 오래 살지 못합니다. 유전자로 작용하는 부분의 암호문이 하나만 바뀌어도 이렇게 문제가 생길 수 있답니다.

그러면 왜 DNA 암호문에 이상이 생기는 걸까요? 그 원인은 여러 가지가 있지요. 자외선이나 화학 약품, 방사능 때문이라고도 하는데, 아직 분명하게 밝혀지지 않았답니다.

1986년 구소련의 체르노빌 원자력 발전소가 폭발하는 사고가 일어나 발전소 주변의 수십 km에 방사능을 내는 재가 뿌려졌지요. 그 결과 암에 걸린 사람들이 많이 생겼답니다. 암도 유전자의 이상에 의해 생기는 것이니까요.

옛날에 비해 요즈음이 암 발생률이 높다고 합니다. 사람이 만들어 내는 화학 물질이 유전자에 나쁜 영향을 미치기 때문이라고 보여집니다.

정자나 난자가 암호문에 이상이 생긴 DNA를 가지고 있으면 어떻게 될까요?

손이나 발의 세포에서 DNA의 암호문에 이상이 생긴다면 어떻게 될까요? 그 세포가 암세포로 변하지 않는 한 큰 문제는 없을 것입니다. 그런데 정자나 난자에 들어 있는 DNA 암호문에 이상이 생긴다면 어떻게 될까요? 그 정자와 난자가 수

정을 하여 생겨나는 아기가 갖는 모든 세포의 암호문에 이상이 있을 것입니다. 왜냐하면 모든 세포는 수정란이 갖는 DNA를 복사한 것이니까요.

난자, 정자가 갖는 헤모글로빈 DNA의 암호문이 하나 바뀌었다고 해 봅시다. 아기가 갖는 헤모글로빈은 모두 이상이 생겨서 적혈구가 모두 낫 모양으로 생겨나게 됩니다. 이렇게 정자와 난자의 DNA 이상이 자손에게 전달되어 나타나는 것을 돌연변이라고 합니다. 돌연변이는 자손에게 전달되기 때문에 아주 위험하지요.

알비노증이라는 병이 있어요. 우리말로 백색증이라고도 하지요. 몸의 털과 피부색이 모두 하얀 병이지요. 이 병에 걸린 사람은 멜라닌이라는 흑갈색 색소를 만들지 못합니다. 우리의 피부가 약간 황색인 것과 머리카락이 검은 것은 바로 멜라닌이라는 색소 때문이지요. 이 색소가 생기지 않으니 눈썹도 하얗고, 머리카락도 하얗게 되는 거지요.

왜 멜라닌 색소를 만들지 못하게 될까요? 멜라닌 색소를 만드는 DNA의 암호문에 이상이 생겼기 때문입니다. 즉, 부모로부터 멜라닌 색소를 만드는 암호문에 이상이 생긴 DNA를 물려받았기 때문입니다. 즉, 정자나 난자의 멜라닌 색소 DNA에 이상이 생기면 온몸이 하얗게 됩니다. 자, 이제 정자나 난자에 들어 있는 DNA가 얼마나 중요한지 알겠지요?

염색체가 잘려 나가거나 수에 이상이 생기면 더 큰 문제가 생긴다

염색체는 DNA가 뭉친 것이라고 했지요? 만일 염색체의 일부가 세포가 분열하는 과정에서 잘려 나가면 어떻게 될까요? 잘려 나간 부분의 유전자를 모두 잃게 될 것입니다. 특히 정자나 난자 안에 들어 있는 염색체의 일부가 없다면 어떻게 될까요? 그 정자나 난자가 수정하여 생겨나는 아기는 분명 여러 가지 질병을 가지고 태어나거나 태어나기 전에 죽을 수도 있습니다.

염색체가 잘려 나가는 돌연변이로 가장 잘 알려져 있는 병은 고양이울음 증후군이라는 병입니다. 이 병에 걸린 아기는 고양이 울음소리를 내며 지능이 아주 낮지요.

이 병은 5번 염색체의 일부가 잘려 나가서 생기는 병인데, 5번 염색체란 23쌍의 염색체 중에서 다섯 번째로 큰 염색체입니다. 염색체는 크기에 따라 번호가 붙여져 있거든요. 그렇다면 1번 염색체가 가장 크겠지요? 아무튼 일부가 잘려 나간 5번 염색체를 정자나 난자가 가지고 있으면 아기가 고양이울음 증후군을 나타냅니다.

염색체가 잘려 나가는 돌연변이가 있는 반면 염색체 수가 더 많거나 적은 돌연변이도 있지요. 이 경우도 여러 가지 이상이 생기거나 어릴 때 죽게 됩니다. 여러분도 잘 아는 다운 증후군은 21번 염색체가 3개인 경우입니다. 지능이 아주 낮고 수명이 짧은 돌연변이지요.

혹시 '염색체가 많으면 더 좋은 거 아니야?'라고 생각할지도 모르겠네요. 그런데 염색체가 많으면 정보의 혼란이 온답니다. 그래서 비정상적인 사람이 나오는 것이지요.

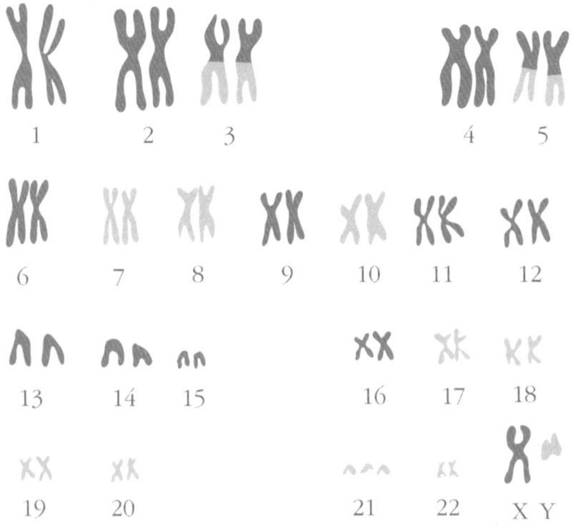

다운 증후군의 염색체 배열

이렇게 염색체가 잘려 나가거나 수가 많은 것은 임신 중에 알 수 있답니다. 태아는 엄마 뱃속에서 양수라는 물에 잠겨 있는데, 양수에는 태아에서 떨어져 나온 세포가 떠다니지요. 이 세포의 염색체를 검사하면 이상이 있는지를 알 수 있답니다. 또는 태아의 세포를 조금 떼어 내는 방법도 사용하지요.

만일 검사 결과 태아가 다운 증후군이라는 것이 밝혀지면 어떻게 해야 할까요? 태어나도 인간다운 삶을 살지 못할 텐데요? 우리 모두 고민해야 할 문제네요.

염색체가 정상적으로 다 있다는 것이 얼마나 중요한 일인지 모른답니다. 자신이 불행하다고 생각하는 사람이 있나요? 공부를 못한다고 자신에게 실망하고 있나요? 부모님을 원망하고 있나요? 염색체 수가 정상적인 것만으로도 우리는 감사한 마음으로 살아야 되는 거랍니다.

유전병을 치료할 수 있을까?

DNA나 염색체의 이상으로 생기는 질병을 치료할 수 있을까요? 대부분의 유전병들은 다운 증후군과 마찬가지로 우리에게 슬픔을 안겨 주지요. 우리는 유전병을 진단할 수는 있

지만 아직 충분히 치료하지 못하고 있답니다.

유전병을 치료하려고 시도했던 하나의 예를 들어 보지요. 어떤 유전자의 이상으로 ADA라는 병에 걸려 병균과 싸울 능력을 잃어버린 신디 커설이라는 소녀를 치료했던 일이지요. 이 소녀의 혈액에 들어 있는 많은 수의 면역 세포를 추출하여 정상 유전자를 넣어 주었지요. 그리고 정상 유전자가 들어간 면역 세포를 다시 혈액에 넣어 주었답니다. 그랬더니 완벽하지는 않지만 어느 정도 면역 기능이 생겨났습니다. 물론 얼마 있다가 정상적인 유전자를 넣어 준 면역 세포를 다시 넣어

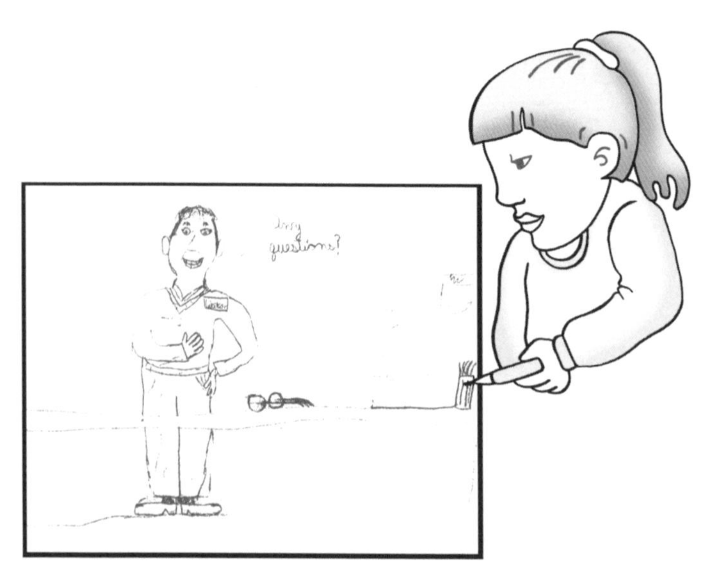

유전자 요법으로 치료를 받던 신디 커설이 그려 준 왓슨의 초상화

주는 일을 되풀이해야 했지만 말입니다.

하지만 유전자 요법을 이용하여 유전병을 치료하려다가 실패한 경우도 많답니다. 1999년 미국 애리조나에 살던 제시 젤싱어라는 소녀는 유전자 요법으로 유전병 치료를 받다가 체온이 급격히 올라가고 혈액 순환에 문제가 생기는 부작용으로 사망했지요. 이 일이 있은 뒤 얼마 후에는 프랑스에서 유전자 요법으로 유전병을 치료받던 두 아기가 백혈병으로 사망하는 일이 생겨났지요.

이렇게 유전자 요법이 유전병 치료에 안전하게 활용되기에는 아직 많은 어려움이 있습니다. 하지만 머지않아 많은 문제를 극복하고 유전자 요법으로 유전병을 치료하는 시대가 오리라고 생각합니다.

만화로 본문 읽기

선생님, 대체 왜 저런 염소가 태어나는 건가요?
다리가 6개인 염소가 태어나서 화제입니다.

저 염소 부모의 정자와 난자에 이상이 생겨서 나타나는 거예요. 그것을 돌연변이라고 하지요.
그럼, 염소의 부모 DNA에 문제가 있었다는 거군요.

맞아요. 만약 손이나 발 세포의 DNA에 이상이 있는 경우와 정자나 난자 세포의 DNA에 이상이 있는 경우 각각 어떻게 될까요?
둘 다 문제가 생기겠죠.

손이나 발의 경우에는 암세포로 변하지 않는 한 큰 문제는 없을 겁니다. 그러나 정자나 난자의 DNA에 이상이 생기는 경우는 큰 문제가 된답니다.

만약 정자가 갖는 헤모글로빈 DNA의 암호문이 하나 바뀌었다고 해 봅시다. 아기가 갖는 헤모글로빈은 모두 이상이 생겨서 적혈구가 모두 낫 모양으로 되어 여러 가지 안 좋은 상태가 될 수 있답니다.
적혈구는 원래 둥그렇게 생겼잖아요.

그렇죠. 그리고 이렇게 정자와 난자의 DNA 이상이 자손에게 전달되어 나타나는 것이 돌연변이인데, 돌연변이는 자손에게 전달될 수 있기 때문에 아주 위험하다는 걸 기억해 두세요.

아 홉 번 째 수 업

DNA 자르고 붙이기

DNA를 자르고 붙이면 새로운 생물을 만들 수 있습니다.
자르고 붙인 DNA가 우리 생활에 어떻게 이용되는지 알아봅시다.

아홉 번째 수업

DNA 자르고 붙이기

교과연계.

중등 과학 1	4. 생물의 구성과 다양성
중등 과학 3	1. 생식과 발생
고등 생물 I	8. 유전과 진화
고등 생물 II	3. 생명의 연속성

왓슨이 DNA 재조합 기술을 주제로 아홉 번째 수업을 시작했다.

여러분은 슈퍼 마우스라는 말을 들어 본 적이 있나요? 슈퍼 마우스는 보통 쥐보다 훨씬 큰 쥐입니다. 또 이런 생각을 해 본 적이 있나요? 어두운 밤에 환히 빛나는 가로수, 옥수수만 한 쌀, 약을 만들어 젖으로 분비하는 염소, …….

이런 것이 모두 DNA를 자르고 붙여서 만들어 내는 것입니다. 지금부터 DNA를 자르고 붙여서 새로운 생물을 만들어 내는 DNA 재조합 기술에 대해 이야기해 보도록 하지요.

DNA는 자르고 붙일 수 있다

여러분이 종이를 자르고 붙일 때 가위와 풀이 필요하지요? DNA를 자르고 붙일 때에도 가위와 풀이 필요하답니다. 물론 우리가 종이를 자르는 데 이용하는 가위와 풀은 아니지만요.

사람이 DNA를 자르고 붙일 수 있게 된 것은 바로 DNA를 자르는 가위와 풀을 발견했기 때문이지요. 그 가위와 풀이 어떻게 생겼냐고요? 세포 안에 있는 효소 중의 하나랍니다. 우리가 밥을 먹으면 소화 효소가 나와 큰 영양소를 작게 자르는 것을 알고 있지요?

마찬가지로 DNA를 자르는 효소가 있습니다. 그런데 이 효소는 원래 세균이 가지고 있던 효소이지요. 세균이 자기에게 침입하는 바이러스의 DNA를 잘라 자신을 방어하는 데 이용하는 효소이지요.

참, 세균보다 더 작은 것이 바이러스라는 것을 알고 있나요? 그럼 박테리아는 무엇인가요? 세균을 영어로 박테리아라고 하지요. 세균이 가지고 있는 효소를 DNA를 자르는 데 이용하지요. 이 효소를 제한 효소라고 한답니다.

DNA를 붙이는 풀은 어디서 구할까요? DNA를 붙이는 풀은 보통 세포에도 많이 있답니다. 이 풀은 DNA 연결 효소라

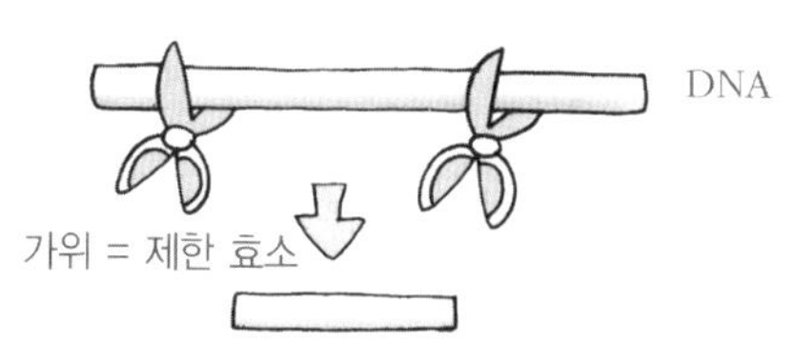

고 하지요.

한 생물의 DNA의 일부를 잘라 다른 생물의 DNA에 연결시키면 어떻게 될까요? DNA를 받은 생물에게서 DNA를 준 생물의 특징이 나타날 것입니다. 이런 기술을 DNA 재조합, 또는 유전자 조작이라고 하지요. 사람이 DNA를 재조합할 수 있게 됨으로써 '신과 놀이'를 할 수 있게 되었지요. 어떤 사람은 DNA 재조합 기술 발견은 '불의 발견'과 맞먹는다고 했습니다.

플라스미드를 이용하여 재조합 DNA를 대량으로 만들기

DNA 재조합 기술을 말할 때 꼭 등장하는 것이 있답니다.

그것은 세균이 가지고 있는 플라스미드라고 하는 DNA이지요. 플라스미드는 원형으로 생겼는데 세균이 분열할 때 복제되어 다음 세대로 전달되지요. 이 플라스미드가 재조합 DNA를 다량으로 만드는 데 이용된답니다.

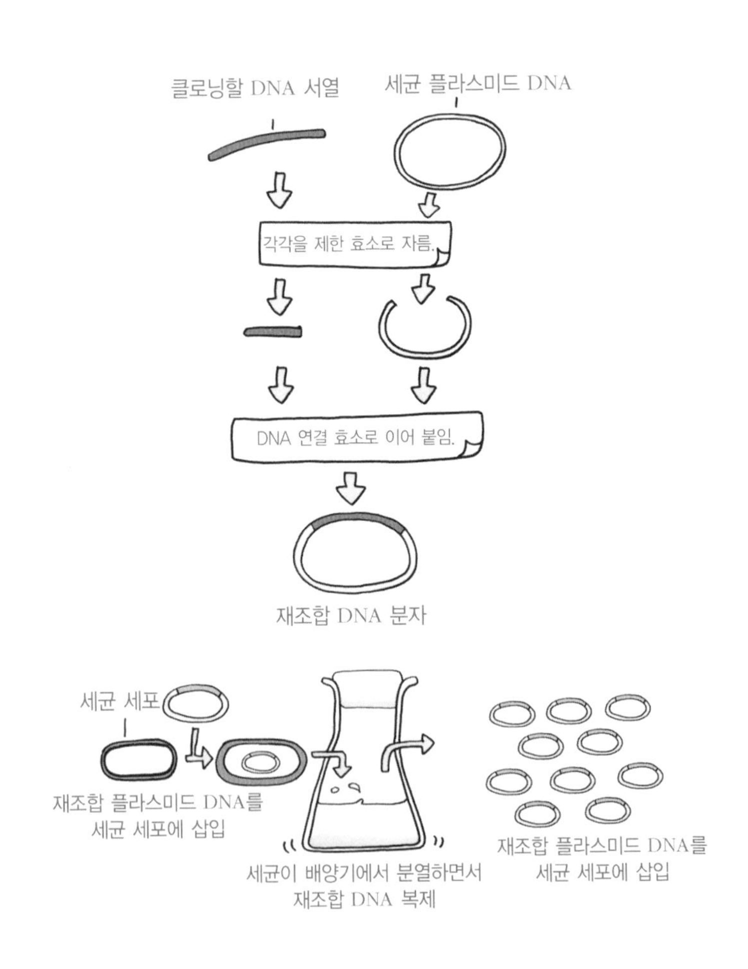

먼저 DNA를 자르는 '가위'인 제한 효소를 이용하여 DNA 분자를 잘라 낸 다음 DNA를 붙이는 '풀'인 DNA 연결 효소를 이용하여 플라스미드에 연결합니다.

이렇게 만든 DNA 분자를 재조합 DNA라고 하지요. 이 재조합 DNA를 세균에게 넣어 줍니다. 그러면 세균이 분열할 때마다 재조합 DNA가 같이 복제되어 수가 늘어나지요. 따라서 세균이 DNA의 공장이 되는 셈이지요. 만일 처음에 플라스미드에 연결한 DNA를 사람의 DNA라고 할 경우 사람의 DNA를 다량으로 얻게 되는 것입니다.

DNA 재조합을 이용하여 인슐린 만들기

사람에게서는 인슐린이라는 호르몬이 나옵니다. 이 호르몬은 당뇨병에 걸리지 않게 하는 호르몬이지요. 이 호르몬이 제대로 생기지 않는 사람은 당뇨병에 걸리겠지요? 또 당뇨병에 걸린 사람에게 인슐린을 주사하면 당뇨병을 치료할 수 있지요.

문제는 인슐린을 구하기가 어렵다는 것이지요. 돼지의 인슐린을 뽑아서 이용하기도 했지만 돼지 1마리로부터 얻을 수 있는 인슐린이 너무 적어서 인슐린은 아주 값이 비싼 약일 수 밖에 없었지요.

사람에게는 인슐린을 만들도록 지시하는 DNA가 있습니다. 이 DNA를 찾아 잘라 냅니다. 그리고 이 DNA를 대장균의 DNA에 연결합니다. 그러면 대장균은 인슐린을 만들어 내지요.

그런데 인슐린을 만들어 내는 데 대장균을 이용하는 2가지 중요한 이유가 있지요.

첫째는, 대장균에는 염색체와는 별도로 둥그렇게 생긴 조그만 DNA가 있다는 것입니다. 이 DNA를 플라스미드라고 하지요. 플라스미드를 꺼내서 사람의 DNA를 연결한 다음, 다시 대장균에 넣어 주면 사람의 DNA가 대장균에 들어가게 됩니다. 둥그렇게 생긴 DNA가 사람의 인슐린 DNA를 대장균 안으로 전달하는 역할을 하지요.

두 번째는, 대장균은 분열을 잘한다는 것입니다. 인슐린 DNA를 가진 대장균이 맹렬하게 분열한 다음 각각의 대장균이 인슐린을 만들어 내게 되지요. 이렇게 해서 인슐린을 대량 생산하게 되었답니다. 인슐린뿐만 아니라 사람의 생장 호르몬, 적혈구 생산을 촉진하는 에포틴 알파 등도 사람의 단백질을 DNA 재조합 기술을 통해 만들 수 있답니다.

사람의 단백질뿐만 아니라 소의 생장 호르몬(BGH)도 만들어서 사용하고 있답니다. 소의 생장 호르몬을 젖소에게 주사하면 젖소의 우유 생산량이 증가되지요. 그래서 농민들은 적은 젖소를 가지고 많은 우유를 생산할 수 있어서 경제적이고, 환경도 보호할 수 있지요.

젖소의 방귀에는 아주 많은 메탄이 포함되어 있는데, 하루에 600L가량 되지요. 이 양은 파티에 이용되는 풍선 40개를 띄울 수 있는 양에 해당된답니다. 이 메탄이 지구의 온난화에 큰 영향을 미친다고 해요. 메탄은 지구 온난화의 주범인 이산화탄소보다 25배 정도의 온실 효과를 나타내거든요. 그러니 젖소가 줄어들면 그만큼 지구 온난화를 막을 수 있지 않겠어요?

양과 누에를 공장으로 이용한다

유전자 조작은 혈우병을 치료하는 단백질을 만드는 데도 이용되었지요. 혈우병은 한 번 상처가 나서 피가 나기 시작하면 잘 멈추지 않는 병이지요. 그래서 오래 살지 못하게 되고요. 16세기 영국 왕실의 왕자들에게서 많이 나타났던 병이

라 '왕자병'이라는 별명을 가지고 있지요. 이 병은 피를 굳게 하는 단백질이 만들어지지 않아서 생기는 병이랍니다.

정상적인 사람에게는 피를 굳게 하는 단백질을 만드는 DNA가 있습니다. 이 DNA를 잘라 양의 수정란에 집어넣는 거예요. 그러면 사람의 DNA를 가지게 된 양이 자라 젖을 생산하면 그 젖에 피를 굳게 하는 단백질이 들어 있게 됩니다. 이 단백질을 모아서 혈우병 치료에 사용하면 되지요. 양이 약품을 생산하는 공장으로 이용되는 것이지요.

누에는 고치를 만드는 특징이 있지요. 누에고치는 타원형의 공 모양으로 그 속에 번데기가 들어 있습니다. 고치 속에 있는 번데기가 얼마 후 나방이 되어 고치에서 빠져나오지요. 그런데 이 고치가 단백질 섬유로 되어 있어 비단의 원료가 됩니다.

누에의 수정란에 사람의 단백질을 만드는 DNA(유전자)를 넣으면 누에가 다량으로 이 단백질을 만들게 되지요. 왜냐하면 누에는 고치를 만들기 위해 단백질을 많이 만드는 특징이 있거든요. 즉, 누에고치 속에 인간이 원하는 단백질이 많이 포함된다는 거예요. 누에가 공장으로 이용되는 경우이지요.

거미줄도 DNA 재조합 기술을 이용하여 만들 수 있습니다. 거미줄은 무게를 기준으로 비교하면 강철보다 5배나 강합니다.

거미는 대량으로 키울 수가 없어서 거미줄을 만드는 유전자를 분리해서 다른 생물에 집어넣어 거미줄을 얻을 수 있지요. 이처럼 유전자 조작을 통하여 생물을 공장으로 이용할 수 있답니다. 생물 공장이라고나 할까요. 이 기술로 무엇을 만들지를 여러분도 생각해 두세요.

DNA 재조합 기술로 새로운 생물을 만들 수 있다

슈퍼 마우스는 최초의 유전자 조작 동물입니다. 쥐의 수정란에 생장 호르몬을 만드는 유전자를 넣어 주면 보통 쥐의 2배에 가까운 크기의 쥐를 얻을 수 있게 됩니다. 이런 방법으로 아주 큰 물고기도 얻을 수 있습니다. 이렇게 큰 물고기를 양식한다면 좀 더 많은 단백질을 얻을 수 있겠지요?

큰 동물을 얻는 것 외에도 여러 가지 특성을 갖는 식물을 얻을 수도 있습니다. 풀을 죽이는 약에 잘 견디는 미생물로부터 유전자를 잘라 내어 식물 세포에 넣은 다음 이 식물 세포를 배양하면 풀을 죽이는 약에 잘 견디는 콩이나 옥수수 등을 얻을 수 있답니다.

또한, 벌레에 독소를 만드는 미생물(Bt라고 함) 유전자를 식

물에 넣어 주면 농약을 치지 않아도 벌레가 먹을 수 없는 식물을 만들 수가 있답니다. 그러면 농약을 치지 않아도 되니 농약의 해로움에서 벗어날 수 있고, 또 농약을 치느라 수고를 하지 않아도 되겠지요?

현재 우리는 Bt 옥수수, Bt 감자, Bt 목화, Bt 콩 등 Bt 유전자를 삽입한 다양한 작물을 재배하고 있으며 그 결과 살충제 사용이 많이 줄어들었습니다. 이렇게 유전자 조작을 통해서 얻은 식품을 유전자 조작 식품(GMO)이라고 하지요.

또 이런 예도 있습니다. 토마토는 익으면 물러지는데, 이것은 PG라는 효소 때문입니다. 그러므로 PG를 만드는 유전자를 조작하여 활동하지 못하도록 하면 토마토가 물러지지 않아 보관하기에 유리하게 되지요. 그러면 더 신선하고 성숙한 토마토를 과일 가게까지 운반할 수 있습니다.

유전자 변형 식물은 아주 널리 이용될 수 있습니다. 더 많은 영양소를 포함한 쌀을 만들고, 바나나에 예방 주사약이 들어 있게 할 수도 있고, 폴리에스테르가 섞인 면을 생산하는 목화를 만들고…….

유전자 조작은 신중하게 해야 한다

요즈음에 유전자 조작 식품이 과연 바람직한 것인지에 대해서 말이 많답니다. 우리 몸에 해로운가 해롭지 않은가 하는 것 때문이지요. 만약 제초제에 잘 견디는 유전자가 잡초에 들어가면 어떻게 될까요? 제초제에도 죽지 않고 잘 자라겠지요? 또 벌레에 잘 견디는 유전자가 이 잡초에 들어간다면 어떻게 될까요? 그래서 벌레가 먹을 수 없다면요? 제초제에도 안 죽고 벌레에도 잘 견디는 슈퍼 잡초가 나와서 밭을 뒤덮게 되면요?

이러한 근심이 유전자 조작 식품을 반대하는 이유입니다. 다 일리는 있지만 충분히 극복할 수 있다고 생각됩니다. 그러나 유전자 조작 식품이 우리 인류에게 줄 혜택을 생각하면 무작정 반대할 일은 아닌 듯해요.

유전자 조작은 쉽게 말해 지금까지 없던 생물을 만드는 것이지요. 어찌 보면 신의 영역에 인간이 도전하는 것인지도 모르겠습니다. 지혜를 모아서 문제점에 대해 잘 대처해 나가야 할 것입니다. 여러분 생각은 어떤가요? 유전자 조작을 계속해야 할까요, 아니면 중단해야 할까요?

과학자의 비밀노트

유전자 조작 식품(GMO)이 가지고 있는 논란

첫째, 가장 큰 문제로서 인체에 대한 유해 유무이다. 유전자 조작 식품(GMO)의 가장 큰 재배 목적은 식량 자원으로서 용이하게 재배하는 데 있다. 실제 유전자 조작 생물의 경우 지난 10여 년간 인간이 섭취하였지만 아직 뚜렷한 이상 현상이 발견되지 않았다. 그렇다고 뚜렷하게 안전성이 검증된 바도 없으며, 동물을 이용한 실험에서는 간간이 문제점이 발견되고 있어 안전성에 대한 논란이 계속되고 있다.

둘째, 환경 문제 야기를 들 수 있다. 유전자 조작 생물은 주로 병충해, 잡초 등으로부터 강한 내성을 가진 종자이므로 농약, 제초제 등의 사용이 줄어들어 환경 오염을 줄이는 데 기여한 면도 있지만 오히려 강한 내성 때문에 그에 적응한 더 강한 해충과 잡초 등이 출현할 가능성을 가져왔고, 또한 기존의 작물과는 다른 새로운 작물이기에 기존의 생태계에 교란을 가져올 수 있다는 의견이 맞서고 있다.

열 번째 수업

10

DNA로 범인 잡기

DNA에도 엄지손가락처럼 지문이 있습니다.
DNA 지문이 어떻게 만들어지는지 알아봅시다.

10

열 번째 수업

DNA로 범인 잡기

교. 과. 연. 계.	중등 과학 1 중등 과학 3 고등 생물 Ⅰ 고등 생물 Ⅱ	4. 생물의 구성과 다양성 1. 생식과 발생 8. 유전과 진화 3. 생명의 연속성

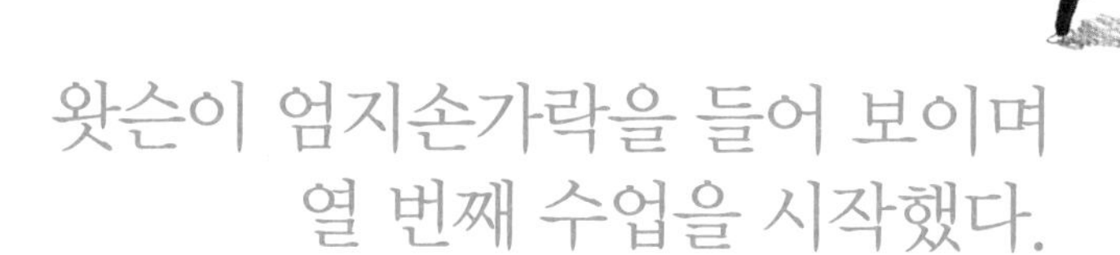

왓슨이 엄지손가락을 들어 보이며 열 번째 수업을 시작했다.

엄지손가락의 지문은 사람마다 다르지요. 그래서 지문을 보고 같은 사람인지 확인할 수 있답니다. 그래서 범죄의 현장에서 채취한 지문은 용의자를 찾는 데 결정적인 힌트가 되곤 하지요.

그런데 DNA도 사람마다 모두 다릅니다. 정확히 말하면 DNA에 포함되어 있는 A, G, C, T의 배열이 사람마다 다르다는 것이지요. 하지만 같은 가족끼리는 비슷하고 가까운 친척일수록 아무 관계가 없는 사람보다 서로 비슷하지요. 이것을 이용해서 가족을 찾거나 범인을 찾을 수 있답니다.

DNA 지문

엄지손가락의 지문과 같은 의미로 DNA가 서로 다름을 나타낸 것을 DNA 지문이라고 합니다. 영국의 유전학자 제프리스(Alec Jeffreys, 1950~)가 DNA 지문을 발견하였지요. 다음 사진은 제프리스가 최초로 이용한 DNA 지문입니다.

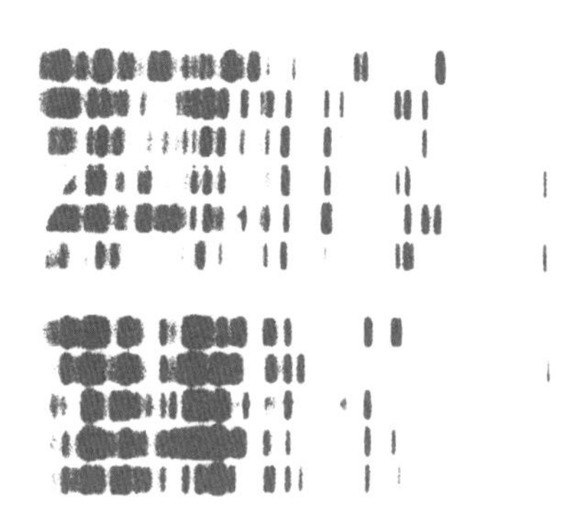

DNA 지문은 어떻게 만들까?

여러분은 DNA 지문을 어떻게 만드는지 궁금해졌을 것입니다. DNA를 자르는 가위가 무엇이라고 했지요?

__제한 효소입니다.

예, 맞습니다. 이 효소는 여러 가지가 있는데 각 효소는 DNA의 특정한 부분만 자른다는 것이지요. 즉, 자기가 자를 수 있는 부분이 정해져 있다는 뜻입니다. 예를 들어, 어떤 효소는 DNA에서 GAAC가 있는 부분의 A 사이를 자른다면, 어떤 효소는 ATCT의 T와 C 사이만 자르지요.

만일 한 가지 제한 효소로 두 사람의 DNA를 자른다면 두 사람의 DNA 토막은 서로 다르게 나타나겠지요. 그 DNA 토막을 길이에 따라 늘어놓으면 DNA 지문이 되는 거랍니다.

좀 더 쉬운 예를 들어 보지요. 아래 그림에서 위에 있는 줄과 아래에 있는 줄이 서로 다른 사람의 DNA라고 생각해 봅시다. 두 사람의 DNA는 서로 다르기 때문에 깃발이 꽂혀 있는 부분이 서로 다릅니다. 줄에서 깃발이 꽂혀 있는 부분만

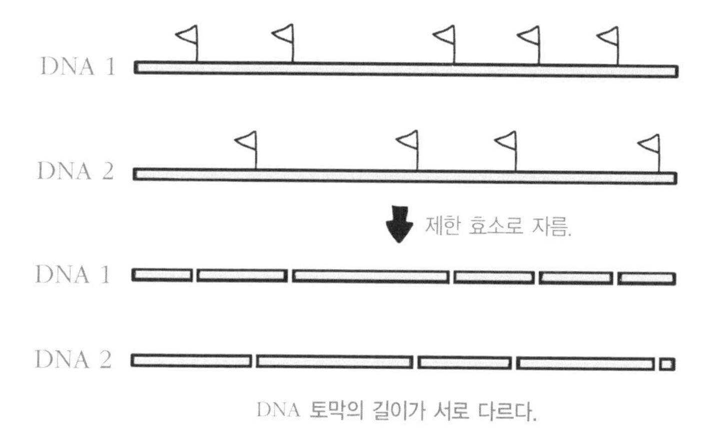

DNA 토막의 길이가 서로 다르다.

자르는 가위, 즉 제한 효소가 있다고 해 봅시다. 이 가위로 자르면 두 사람의 DNA가 잘려서 생기는 DNA 토막이 서로 다르겠지요? 이렇게 DNA 토막이 다르게 얻어지는 것을 이용하여 만드는 것이 DNA 지문입니다.

DNA 토막이 서로 다른 것을 이용해 DNA 지문을 어떻게 만드는지는 설명하지 않겠습니다. 왜냐하면 너무 전문적인 기술이기 때문입니다. 다만, DNA 지문은 사람마다 DNA가 서로 다른 것을 이용한 것이라는 점을 알아 둡시다.

DNA 지문으로 범인 잡기

자, 그러면 DNA 지문을 이용하여 범인을 어떻게 잡을까요? 예를 들어, 집에 도둑이 들었는데 집주인과 결투를 하는 과정에서 범인의 옷에 집주인의 혈액이 묻었다고 해 봅시다. 신고를 받은 경찰이 인상 착의나 여러 가지를 참고하여 용의자를 붙잡았는데, 정말 범인이라는 것을 증명할 때 범인의 옷에 묻은 혈액을 채취하지요.

혈액에는 세포가 들어 있기 때문에 DNA를 얻을 수 있지요. 이 DNA를 가지고 PCR이라는 기계로 같은 DNA를 다량 만들어서 DNA 지문을 만들지요. 그런 다음 집주인의 DNA와 용의자의 옷에 묻은 혈액에서 얻은 DNA 지문이 일치하는지 비교하면 됩니다. 만일 같다면 부정할 수 없는 증거가 되는 것이지요.

자, 다음의 DNA 지문을 보고 용의자가 정말 범인인지 판단해 볼까요?

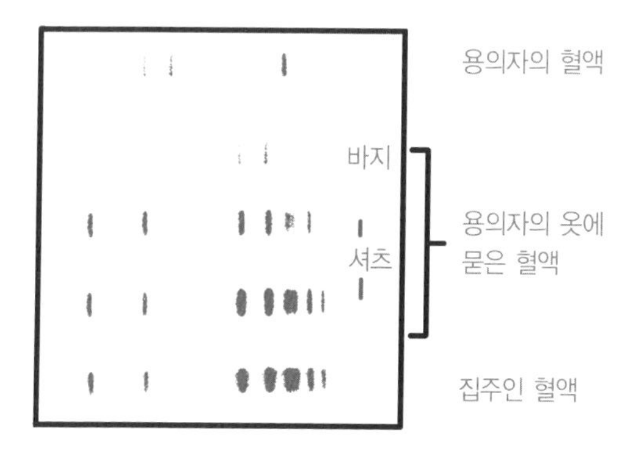

용의자의 셔츠에 묻은 혈액의 DNA 지문 중 하나가 집주인의 DNA 지문과 같은 것을 알 수 있지요?

DNA 지문으로 친자 확인하기

이런 일도 있었지요. 러시아의 마지막 황제 니콜라이 2세의 딸 아나스타샤가 행방불명된 일입니다. 니콜라이 2세와 나머지 딸들은 무덤에서 시신을 찾아냈지만 아나스타샤의 시신은 없었습니다.

이 사실이 알려진 다음 자신이 아나스타샤라고 주장하는 많은 여성이 나타났습니다. 그중에서 가장 강력하게 주장했던 여성이 안나 앤더슨이라는 여성입니다. 안나 앤더슨의 주장은 영화로 제작되기도 했고, 그녀가 죽은 뒤에도 그녀가 공주다, 공주가 아니다 하며 논란이 끊이지 않았지요.

하지만 병원에 남아 있던 안나 앤더슨의 세포와 니콜라이 2세의 DNA 지문을 비교한 결과 서로 아무런 관계가 없다는 것이 밝혀졌지요. 만일 안나 앤더슨이 니콜라이 2세의 딸이었다면 서로 비슷한 DNA 지문을 가져야 하기 때문입니다.

안나 앤더슨은 내가 아니야! 나와 DNA 지문이 다르거든.

아나스타샤

이렇게 DNA 지문을 통해 안나 앤더슨이 니콜라이 2세의 딸이 아니라는 것이 밝혀졌습니다. 하지만 아직도 많은 사람이 안나 앤더슨이 니콜라이 2세의 딸이라고 믿고 있다니, 참 재미있지요?

DNA 검사로 아기를 찾은 이야기를 해 볼까요? '쓰나미'로 잘 알려진 2004년에 일어난 남아시아 지진 해일을 기억하지요? 자연의 위력을 다시 한 번 실감했던 사건이었지요. 이때 많은 아기가 부모를 잃어버려 고아가 되었습니다.

14개월 된 스리랑카의 한 아기도 부모를 잃어버린 채로 피해 현장에서 구조되어 병원으로 옮겨졌지요. 이 아기는 병원으로 온 순서에 따라 '81번 아기'라고 이름 지어졌는데, 문제는 무려 9쌍의 부부가 자신들이 그 아기의 부모라고 주장한 것이지요. 결국 법정에서 '81번 아기'의 부모를 가리게 되었는데, 이때 판사는 DNA 지문 검사를 이용해 8주 만에 진짜 부모를 찾았답니다.

그러면 이런 생각을 해 보게 됩니다. 모든 사람의 DNA를 미리 확보해 놓으면 어떨까요? 그렇게 한다면 범인을 잡기가 한결 쉬워지겠지요? 미리 확보한 DNA와 비교만 하면 되니까요. 그리고 사고가 난 후 시신이 누구 것인지를 알아내려고 할 때 도움이 되겠지요?

그러나 이렇게 모든 사람의 DNA를 모아 놓는 것에 반대하는 의견도 많습니다. 개인의 프라이버시를 침해한다는 이유에서지요. 또 나쁜 용도로 이용될 수도 있고요. DNA에는 그것을 제공한 사람의 여러 가지 유전적 형질에 대한 정보가 들어 있거든요. 지금 당장은 잘 모르더라도 좀 더 과학이 발달하면 알아낼 수 있는 여러 가지 정보가 있을 수 있어 악용될 수 있다는 것이지요.

하지만 모든 사람이 DNA 표본을 제공할 때 얻어지는 이익이 아주 크다고 생각됩니다. 여러분도 이 문제에 대해 생각해 보기 바랍니다.

만화로 본문 읽기

과학수사대
CSI
선생님, 경찰 드라마에서 DNA 지문으로 범인을 잡는 걸 봤어요. 손가락 지문은 알겠는데 DNA 지문은 뭔가요?
손가락의 지문과 의미로 DNA가 름을 나타낸 것을 지문이라고 하지요.

그렇군요. DNA 지문은 누가 처음 발견했나요?
영국의 유전학자 제프리스가 발견했어요.

DNA 지문은 어떻게 만들어지나요?
예를 들어, 여기 두 개의 줄이 서로 사람의 DNA라고 생각했을 때, 두 의 DNA는 서로 다르기 때문에 꽂혀 있는 부분이 서로 다르지요.
DNA 1
DNA 2

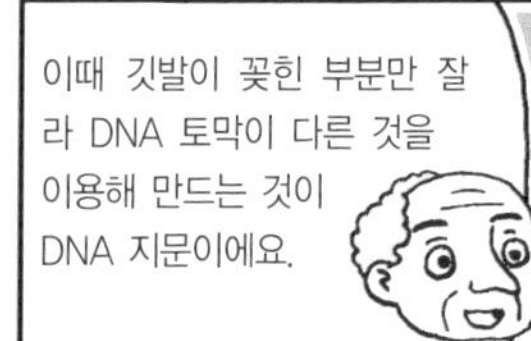

이때 깃발이 꽂힌 부분만 잘라 DNA 토막이 다른 것을 이용해 만드는 것이 DNA 지문이에요.

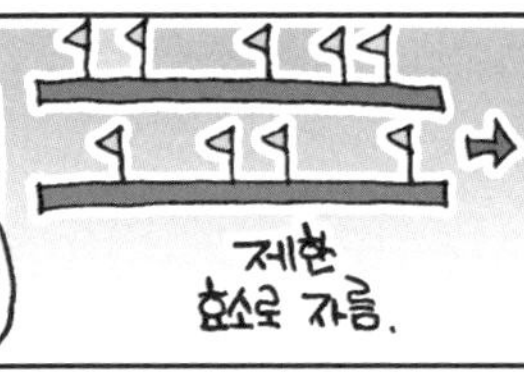

제한 효소로 자름.
DNA 토막의 길이가 서로 다르다.

그러면 DNA를 가위는 무엇인가요?

바로 제한 효소예요. 이 효소는 여러 가지가 있는데, 각 효소는 자기가 자를 수 있는 부분이 정해져 있지요.
그럼 한 가지 제한 효소로 두 사람의 DNA를 자른다면 두 사람의 DNA 토막은 서로 다르게 나타나겠군요.
제한 효소

그렇지요. 그 DNA 토막을 길이에 따라 늘어놓으면 DNA 지문이 되는 거예요.
DNA 지문만 있으면 잡는 것도 문제없겠군요.

마 지 막 수 업 11

DNA와 우리의 앞날

미래에는 나쁜 유전자를 좋은 유전자로 마음대로 바꿀 수 있을지도 모릅니다.
DNA의 비밀이 밝혀지면 어떤 일들이 일어나는지 알아봅시다.

11

마지막 수업

DNA와 우리의 앞날

교과연계.	
중등 과학 1	4. 생물의 구성과 다양성
중등 과학 3	1. 생식과 발생
고등 생물 I	8. 유전과 진화
고등 생물 II	3. 생명의 연속성

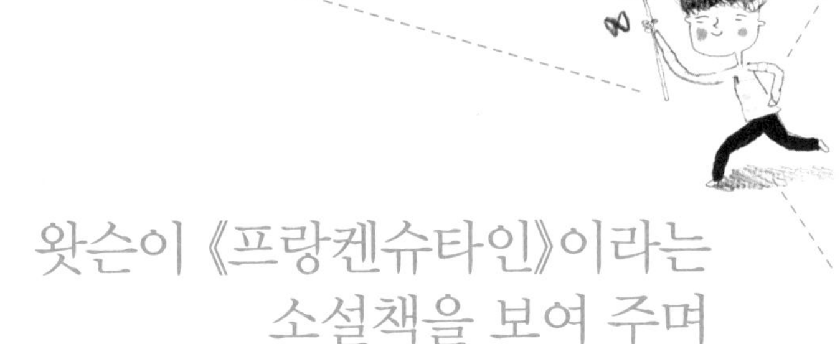

왓슨이 《프랑켄슈타인》이라는 소설책을 보여 주며 마지막 수업을 시작했다.

지금까지 여러분과 내가 DNA에 대해 긴 이야기를 했습니다. 잘 들어준 여러분에게 고마움을 표하면서 마지막으로 DNA와 우리의 앞날에 대해 함께 생각해 보도록 하지요. 너무나 중요한 문제이거든요.

여러분은 《프랑켄슈타인》이라는 소설을 읽어 보았나요? 만화나 영화로도 많이 그려진 작품이지요. 이 소설을 보면 뼈로 만든 인조 인간이 등장하고 이 인간이 여러 가지 사악한 일을 저지르는 것으로 묘사되고 있습니다. 《프랑켄슈타인》은 우리에게 과학이 주는 공포를 생생하게 그려 내고 있습니다.

미래에는 나쁜 유전자를 좋은 유전자로 마음대로 바꾸게 될지 모릅니다. 만일 정자나 난자의 유전자를 모두 검사해서 나쁜 유전자를 가려 내어 우수한 유전자로 바꿀 수 있게 된다면 무척 좋을 것입니다. 우리가 이야기했던 낫 모양 적혈구 빈혈증, 알비노증, 다운 증후군 등 모든 유전병을 치료할 수 있게 될 것이고, 더 이상 유전병으로 고생하지 않아도 될 것입니다.

하지만 문제는 있지요. 우선 정자나 난자의 유전자를 교체하는 기술을 얻기까지 실험 대상이 되는 많은 아기가 위험할 수 있다는 것이지요. 그렇지 않겠어요? 기형아가 태어나면 누가 그 아기의 인생을 보상할 수 있을까요?

이러한 위험을 줄이기 위해 인간과 비슷한 침팬지로 아무리 많은 실험을 한다 해도 결국에는 사람을 대상으로 실험을 해야 되거든요. 또, 유전자를 마음대로 조작하게 되면 병을 치료하는 것 외에 그것을 나쁘게 이용하는 경우도 생길 수 있지요. 마음먹은 대로 원하는 사람이 태어나게 할 수도 있고요. 누구나 좋은 유전자만을 가지고 태어나려고 할 때 여러 가지 문제가 생길 거예요.

앤드루 니콜 감독이 1997년에 만든 영화 〈가타카〉에 대한 얘기를 잠깐 하지요. 이 영화에서 먼 미래에는 2종류의 인간이 있는 것으로 그려져 있습니다. 유전적으로 완벽하게 만들어진 계급과 불완전한 유전자를 지닌 하층 계급입니다. 좋은 유전자를 가진 인간들은 모든 면에서 대우를 받고, 부적격자는 모든 면에서 차별 대우를 받습니다.

이 영화의 주인공 빈센트는 '부적격자'입니다. 반면에 빈센트의 동생은 실험실에서 유전자 조작을 통해 최고로 좋은 유전자를 가지고 태어납니다. 자라면서 빈센트는 모든 면에서 동생에게 뒤졌습니다. 동생과 수영 시합에서 이겨 보려고 애쓰지만 번번이 지고 맙니다.

빈센트는 가타카 항공 우주 회사의 청소부로 일하게 됩니다. 불량한 유전자를 가졌다는 이유에서이지요. 이때 빈센트는 우주 여행을 하겠다는 꿈을 가지게 됩니다. 하지만 유전자가 불완전한 '부적격자'는 우주선에 탑승하여 맡겨진 일을 할 수 없게 됩니다.

그래서 그는 제롬이라는 좋은 유전자를 갖고 있는 사람으로 신분을 위장해 비행 훈련 과정에 참여하게 되지요. 그리고 아이린이라는 여성을 만나 사랑을 하게 되고요. 그가 우주 비행을 나가기 일주일 전에 살인 사건이 발생합니다. 공교롭게도 범죄 현장에는 부적격자의 머리카락이 발견됩니다. 만일 DNA 검사를 당한다면 그는 부적격자임이 탄로나고, 살인자라는 누명을 쓰게 되었지요.

그런데 곧 다른 사람이 살인자로 드러나 빈센트는 위기를 벗어나게 됩니다. 결국 빈센트는 우주 비행을 하게 되지만 그가 사랑했던 아이린은 부적합한 유전자를 가지고 있는 것으로 판명되어 지상에 남게 되지요.

이 영화는 인간이 유전자를 조작할 수 있게 될 때 좋은 유전자를 가진 사람과 그렇지 못한 사람의 신분이 달라질 것이라고 걱정하고 있습니다. 유전자 조작 기술을 우수한 유전자를 지닌 사람들이 독점하고 자기들만의 계급을 만든다는 이야기이지요. 얼마든지 상상할 수 있는 일입니다. 이렇듯 우리 인간이 DNA를 조작하게 된 것에 대해 걱정이 많답니다.

이제 인간은 생명의 비밀을 조금 알아차렸습니다. 1953년 DNA의 이중 나선 구조가 발견되고 난 뒤부터 '신의 영역'이라고 여겨졌던 생명의 비밀에 한층 접근했지요. 하지만 DNA가 어떤 방법으로 일하는지 완전히 이해하려면 아직 먼 길을 가야 합니다.

그러나 지금 인류는 DNA를 자르고 붙여서 새로운 생명 현상을 만들어 내는 능력을 가지고 있습니다. 이러한 능력은 '프랑켄슈타인'과 같은 걱정을 낳았습니다.

하지만 우리는 희망을 버리지 말아야 합니다. 우리의 기술이 인간의 행복을 위해 선하게 이용될 수 있도록 지혜를 모아야 합니다. 이제 여러분의 어깨에 우리의 미래가 달려 있습니다. 여러분이 DNA 조작 기술뿐만 아니라 과학이 가진 능력이 인류의 미래를 위해 잘 이용될 수 있도록 해야 할 것입니다. 우리가 서로를 사랑하는 마음을 가진다면 불가능할 것도 없습니다.

과학자 소개

DNA의 모양을 알아낸 왓슨James Dewey Watson, 1928~

왓슨은 미국의 시카고에서 태어나 시카고 대학교를 졸업하고, 인디애나 대학교에서 학위를 취득하였습니다.

왓슨은 프랜시스 크릭과 함께 1953년 DNA의 이중 나선 구조를 발견한 미국의 생물학자입니다. 이 업적으로 1962년 노벨 생리 · 의학상을 수상했습니다. 그는 DNA의 구조를 규명한 이후 미국의 하버드 대학교 생물학과 교수로 분자 생물학 연구를 해 오고 있습니다.

DNA에는 유전자가 있습니다. 유전자는 자손에게 전달되어 부모를 닮게 할 뿐 아니라 세포가 하는 일을 조절합니다. 그래서 유전자가 담겨 있는 DNA가 어떤 모양을 하고 있는지는 매우 중요합니다.

왓슨이 DNA의 구조를 밝히기 전까지 아무도 DNA의 구조에 대해 정확하게 알지 못했습니다. 다만 여러 학자가 관심을 가지고 연구한 덕분에 DNA에 관한 여러 부분적인 지식이 있었을 뿐이었습니다.

왓슨은 여러 학자가 연구하여 얻은 DNA에 관한 부분적인 지식을 종합하여 DNA의 구조를 밝혔습니다. 즉, 왓슨은 실험을 통하여 DNA 구조를 알아낸 것이 아니었습니다. 과학자도 실험으로 어떤 현상을 알아내는 과학자가 있는가 하면 여러 실험 결과를 종합하여 무엇인가를 알아내는 과학자가 있는 것입니다.

왓슨이 DNA의 구조를 밝히면서 생물의 유전의 비밀이 밝혀지게 되었고, DNA의 구조에 대한 발견은 오늘날 유전 공학이 발달하는 출발점이 되었습니다.

과학 연대표

언제, 무슨 일이?

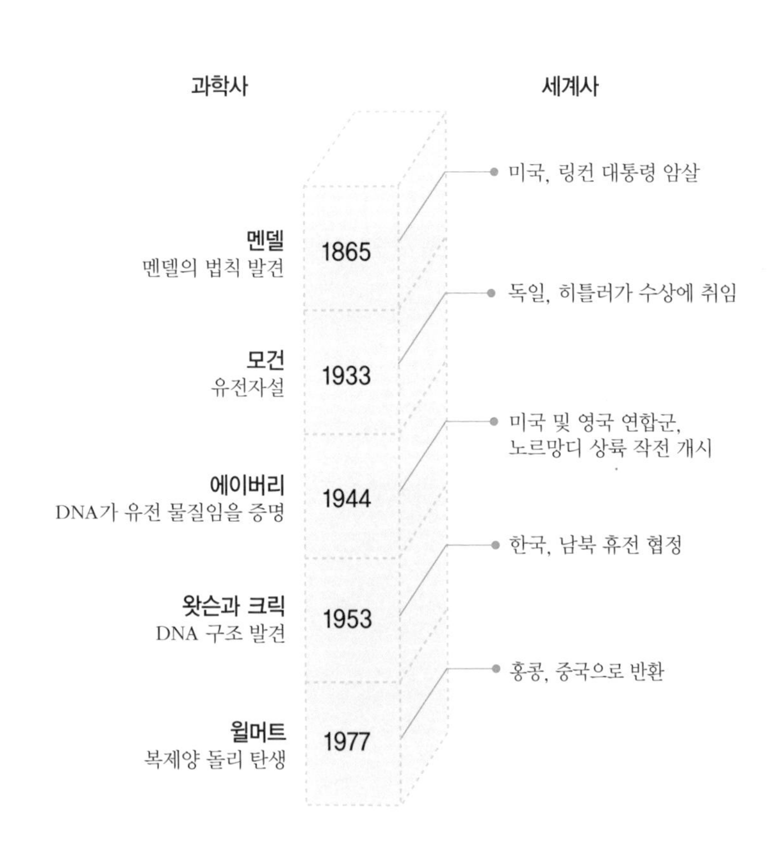

과학사
세계사
미국, 링컨 대통령 암살
멘델
멘델의 법칙 발견
1865
독일, 히틀러가 수상에 취임
모건
유전자설
1933
미국 및 영국 연합군,
노르망디 상륙 작전 개시
에이버리
DNA가 유전 물질임을 증명
1944
한국, 남북 휴전 협정
왓슨과 크릭
DNA 구조 발견
1953
홍콩, 중국으로 반환
윌머트
복제양 돌리 탄생
1977

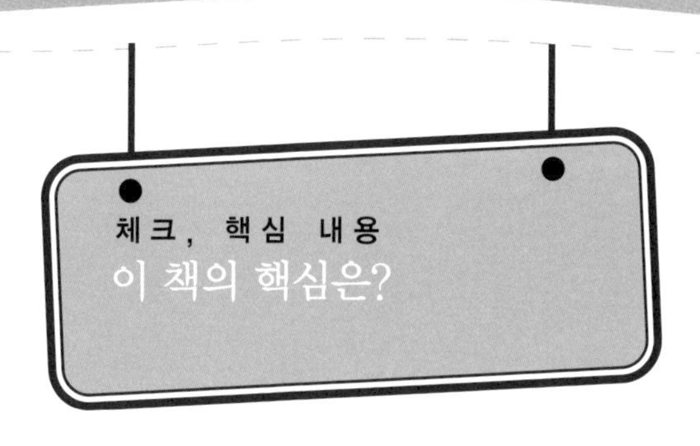

1. DNA는 □□ 정보를 가지고 있으며, 세포가 하는 일을 조절합니다.
2. □□□를 풀어 가면 가는 실 모양의 DNA가 나타납니다.
3. DNA의 유전 정보는 □□□□ 4가지의 영문 알파벳이 일렬로 자유롭게 결합되어 생깁니다.
4. 세포가 어떤 일을 할 때 그 일에 필요한 정보는 □에서 복사되어 세포질로 보내집니다.
5. 부모의 DNA는 □□ 혹은 난자에 담겨 자손에게 전달됩니다.
6. 사람의 피부색, 키, 머리카락 모양, 눈 색깔 등을 형질이라고 하는데, 이 형질을 결정하는 것을 □□□라고 하며, 이것은 DNA에 있습니다.
7. DNA에 이상이 생기는 것을 □□□□라고 합니다.
8. DNA를 자르고 붙이는 기술은 DNA □□□ 기술이라고 하며, 유전공학의 핵심 기술입니다.

1. 유전 2. 염색체 3. AGCT 4. 핵 5. 정자 6. 유전자 7. 돌연변이 8. 재조합

이슈, 현대 과학

게놈 지도-한 사람이 걸리게 될 질병을 미리 안다

인간의 게놈 지도란 인간이 가지는 DNA에 유전자의 위치를 표시한 것이라고 할 수 있습니다. 마치 우리가 지도를 보고 어떤 마을이 어디에 있는지 알 수 있는 것과 마찬가지입니다.

예를 들어, 게놈 지도와 비만에 관계되는 유전자에 대하여 생각해 봅시다. 게놈 지도란 비만에 관계되는 유전자가 30개 있다면 그것이 있어야 될 자리를 표시하여 놓은 것이라고 생각하면 됩니다. 그 자리에 비만 유전자가 있는지 없는지는 그 사람의 게놈 지도를 인간 게놈 지도와 비교하여 보면 쉽게 알 수 있게 되는 것입니다.

게놈 지도에는 질병 관련 유전자만 있는 게 아니라 신체의 특성을 나타내는 유전자가 모두 표시되어 있습니다. 따라서 게놈 지도를 보면 어떤 질병을 잘 일으키는 유전자 숫자에서

부터 신체 특성을 나타내는 유전자에 이르기까지 개개인의 유전적 특성을 한눈에 알 수 있게 되는 것입니다.

하지만 아직 모든 유전자의 위치가 밝혀진 것은 아닙니다. 현재까지 밝혀진 유전자는 그리 많지 않습니다. 그래서 앞으로 모든 유전자의 위치가 정확히 밝혀지면 각 가정, 혹은 개개인에 대한 맞춤식 의학이 발달하게 될 것입니다. 게놈 지도를 보면 앞으로 한 사람이 어떤 질병에 잘 걸리게 될지를 예측할 수 있기 때문입니다.

하지만 이런 걱정도 있습니다. 한 사람에 대해 그 사람이 어떤 사람인지를 게놈 지도만 보면 알 수 있게 될 것입니다. 그러면 어떻게 될까요? 예를 들어, 결혼하거나 회사에 취직할 때 게놈 지도를 요구하게 될지도 모릅니다. 개인의 프라이버시를 침해당하게 된다는 것이지요.

이렇듯 과학의 발달은 우리 인간 생활에 편리함도 주지만 걱정거리도 안겨 줍니다. 인간의 지혜가 이러한 걱정거리를 얼마나 잘 해결할 수 있을지가 인류의 미래를 좌우한다고도 볼 수 있는 것입니다.

찾아보기

어디에 어떤 내용이?